国家职业教育工业机器人技术专业
教学资源库配套教材

ICVE 高等职业教育电类课程
智慧职教 新形态一体化教材

弧焊机器人
工作站系统应用
（ABB）

▶主 编 温俊霞

U0213176

高等教育出版社·北京

内容提要

　　本书是国家职业教育工业机器人技术专业教学资源库配套教材。本书共 8 个项目，包括焊接机器人工作站认知、焊接概述、ABB 机器人基本操作、ABB 机器人焊接基本操作、ABB 机器人平板对接焊、ABB 机器人熔化极气体保护焊、焊接质量检验、ABB 弧焊机器人工作站维护与应用等内容。

　　本书采用"纸质教材+数字课程"的出版方式，双色印刷，配套了微课、视频、动画、图片等学习资源，除扫描书中标注的二维码直接观看以外，也可访问"智慧职教"教学服务平台（www.icve.com.cn），通过配套的在线课程来观看和使用，具体资源获取方式详见"智慧职教"服务指南。此外，本书还提供了其他丰富的数字化教学资源，包括 PPT 课件、习题答案等，授课教师可发送电子邮件至编辑邮箱 gzdz@ pub. hep. cn 索取。

　　本书适合作为高等职业院校工业机器人技术、电气自动化技术、机电一体化技术等专业的教材，也可作为相关技术人员的参考资料和培训用书。

图书在版编目（CIP）数据

　　弧焊机器人工作站系统应用：ABB/温俊霞主编
. --北京：高等教育出版社，2021.12
　　ISBN 978-7-04-053976-9

　　Ⅰ. ①弧…　Ⅱ. ①温…　Ⅲ. ①电弧焊-焊接机器人-高等职业教育-教材　Ⅳ. ①TP242.2

　　中国版本图书馆 CIP 数据核字（2020）第 057206 号

弧焊机器人工作站系统应用（ABB）

Huhan Jiqiren Gongzuozhan Xitong Yingyong （ABB）

| 策划编辑 | 郭　晶 | 责任编辑 | 郭　晶 | 封面设计 | 赵　阳 | 版式设计 | 童　丹 |
| 插图绘制 | 于　博 | 责任校对 | 刘丽娴 | 责任印制 | 韩　刚 | | |

出版发行	高等教育出版社	网　　址	http://www.hep.edu.cn
社　　址	北京市西城区德外大街 4 号		http://www.hep.com.cn
邮政编码	100120	网上订购	http://www.hepmall.com.cn
印　　刷	涿州市星河印刷有限公司		http://www.hepmall.com
开　　本	850mm×1168mm　1/16		http://www.hepmall.cn
印　　张	12.25		
字　　数	310 千字	版　　次	2021 年 12 月第 1 版
购书热线	010-58581118	印　　次	2021 年 12 月第 1 次印刷
咨询电话	400-810-0598	定　　价	35.00 元

本书如有缺页、倒页、脱页等质量问题，请到所购图书销售部门联系调换

版权所有　侵权必究

物 料 号　53976-00

　　"智慧职教"是由高等教育出版社建设和运营的职业教育数字教学资源共建共享平台和在线课程教学服务平台，包括职业教育数字化学习中心平台（www.icve.com.cn）、职教云平台（zjy2.icve.com.cn）和云课堂智慧职教 App。用户在以下任一平台注册账号，均可登录并使用各个平台。

　　● 职业教育数字化学习中心平台（www.icve.com.cn）：为学习者提供本教材配套课程及资源的浏览服务。

　　登录中心平台，在首页搜索框中搜索"弧焊机器人工作站系统应用（ABB）"，找到对应作者主持的课程，加入课程参加学习，即可浏览课程资源。

　　● 职教云平台（zjy2.icve.com.cn）：帮助任课教师对本教材配套课程进行引用、修改，再发布为个性化课程（SPOC）。

　　1. 登录职教云平台，在首页单击"申请教材配套课程服务"按钮，在弹出的申请页面填写相关真实信息，申请开通教材配套课程的调用权限。

　　2. 开通权限后，单击"新增课程"按钮，根据提示设置要构建的个性化课程的基本信息。

　　3. 进入个性化课程编辑页面，在"课程设计"中"导入"教材配套课程，并根据教学需要进行修改，再发布为个性化课程。

　　● 云课堂智慧职教 App：帮助任课教师和学生基于新构建的个性化课程开展线上线下混合式、智能化教与学。

　　1. 在安卓或苹果应用市场，搜索"云课堂智慧职教"App，下载安装。

　　2. 登录 App，任课教师指导学生加入个性化课程，并利用 App 提供的各类功能，开展课前、课中、课后的教学互动，构建智慧课堂。

　　"智慧职教"使用帮助及常见问题解答请访问 help.icve.com.cn。

国家职业教育工业机器人技术专业教学资源库配套教材编审委员会

总顾问：孙立宁

顾　问：上海 ABB 工程有限公司　　　　　　叶　晖
　　　　参数技术（上海）软件有限公司　　　王金山
　　　　欧姆龙自动化（中国）有限公司　　　崔玉兰
　　　　苏州大学　　　　　　　　　　　　　王振华
　　　　天津职业技术师范大学　　　　　　　邓三鹏

主　任：曹根基

副主任：许朝山

委　员：常州机电职业技术学院　　　　蒋庆斌　周　斌
　　　　成都航空职业技术学院　　　　郑金辉　王皑军
　　　　湖南铁道职业技术学院　　　　唐亚平　吴海波
　　　　南宁职业技术学院　　　　　　甘善泽　周文军
　　　　宁波职业技术学院　　　　　　范进帧　沈鑫刚
　　　　青岛职业技术学院　　　　　　张明耀　李　峰
　　　　长沙民政职业技术学院　　　　徐立娟　陈　英
　　　　安徽职业技术学院　　　　　　洪　应　常　辉
　　　　金华职业技术学院　　　　　　戴欣平　徐明辉
　　　　柳州职业技术学院　　　　　　陈文勇　温俊霞
　　　　温州职业技术学院　　　　　　苏绍兴　黄金梭
　　　　浙江机电职业技术学院　　　　金文兵　黄忠慧
　　　　安徽机电职业技术学院　　　　武昌俊　王顺菊
　　　　广东交通职业技术学院　　　　潘伟荣　郝建豹
　　　　黄冈职业技术学院　　　　　　方　玮　夏继军
　　　　秦皇岛职业技术学院　　　　　段文燕　张维平
　　　　常州纺织服装职业技术学院　　王一凡
　　　　常州轻工职业技术学院　　　　蒋正炎　丁华峰
　　　　广州工程技术职业学院　　　　产文良　朱洪雷
　　　　湖南汽车工程职业学院　　　　罗灯明　石建军
　　　　苏州工业职业技术学院　　　　温贻芳　于　霜
　　　　四川信息职业技术学院　　　　杨华明　杨金鹏

秘书长：陈小艳　孙　薇

预计到 2025 年，我国工业机器人应用技术人才需求将达到 30 万人。工业机器人技术专业面向工业机器人本体制造企业、工业机器人系统集成企业、工业机器人应用企业需要，培养工业机器人系统安装、调试、集成、运行、维护等工业机器人应用技术技能型人才。

国家职业教育工业机器人技术专业教学资源库项目建设工作于 2014 年正式启动。项目主持单位常州机电职业技术学院，联合成都航空职业技术学院、湖南铁道职业技术学院、南宁职业技术学院、宁波职业技术学院、青岛职业技术学院、长沙民政职业技术学院、安徽职业技术学院、金华职业技术学院、柳州职业技术学院、温州职业技术学院、浙江机电职业技术学院、安徽机电职业技术学院、广东交通职业技术学院、黄冈职业技术学院、秦皇岛职业技术学院、常州纺织服装职业技术学院、常州轻工职业技术学院、广州工程技术职业学院、湖南汽车工程职业学院、苏州工业职业技术学院、四川信息职业技术学院等 21 所国内知名院校和上海 ABB 工程有限公司等 16 家行业企业共同开展建设工作。

工业机器人技术专业教学资源库项目组按照教育部"一体化设计、结构化课程、颗粒化资源"的资源库建设理念，系统规划专业知识技能树，设计每个知识技能点的教学资源，开展资源库的建设工作。项目启动以来，项目组广泛调研了行业动态、人才培养、专业建设、课程改革、校企合作等方面的情况，多次开展全国各地院校参与的研讨工作，反复论证并制订工业机器人技术专业建设整体方案，不断优化资源库结构，持续投入项目建设。资源建设工作历时两年，建成了以一个平台（图1）、三层资源（图2）、五个模块（图3）为核心内容的工业机器人技术专业教学资源库。

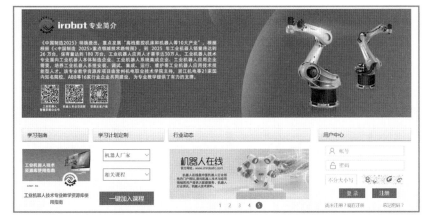

图 1　工业机器人技术专业教学资源库首页

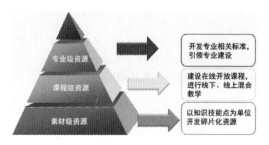

图2　资源库三层资源　　　　　　　　　图3　资源库五个模块

本套教材是资源库项目建设重要成果之一。为贯彻《国务院关于加快发展现代职业教育的决定》，在"互联网+"时代背景下，以线上线下混合教学模式推动信息技术与教育教学深度融合，助力专业人才培养目标的实现，项目主持院校与联合建设院校深入调研企业人才需求，研究专业课程体系，梳理知识技能点，充分结合资源库数字化内容，编写了这套新形态一体化教材，形成了以下鲜明特色。

第一，从工业机器人应用相关核心岗位出发，根据典型技术构建专业教材体系。项目组根据专业建设核心需求，选取了10门专业课程进行建设，同时建设了4门拓展课程。与工业机器人载体密切相关的课程，针对不同工业机器人品牌分别建设课程内容。例如，"工业机器人现场编程"课程分别以ABB、安川电机、发那科、库卡、川崎等品牌工业机器人的应用为内容，同时开发多门课程的资源。与课程教学内容配套的教材内容，符合最新专业标准，紧密贴合行业先进技术和发展趋势。

第二，从各门课程的核心能力培养目标出发，设计先进的编排结构。在梳理出教材的各级知识技能点，系统地构建知识技能树后，充分发挥"学生主体，任务载体"的教学理念，将知识技能点融入相应的教学任务，符合学生的认知规律，实现以兴趣激发学生，以任务驱动教学。

第三，配套丰富的课程级、单元级、知识点级数字化学习资源，以资源与相应二维码链接来配合知识技能点讲解，展开教材内容，将现代信息技术充分运用到教材中。围绕不同知识技能点配套开发的素材类型包括微课、动画、实训录像、教学课件、虚拟实训、讲解练习、高清图片、技术资料等。配套资源不仅类型丰富，而且数量高，覆盖面广，可以满足本专业与装备制造大类相关专业的教学需要。

第四，本套教材以"数字课程+纸质教材"的方式，借助资源库从建设内容、共享平台等多方面实施的系统化设计，将教材的运用融入整个教学过程，充分满足学习者自学、教师实施翻转课堂、校内课堂学习等不同读者及场合的使用需求。教材配套的数字课程基于资源库共享平台（"智慧职教"，http：//www.icve.com.cn/irobot）。

第五，本套教材版式设计先进，并采用双色印刷，包含大量精美插图。版式设计方面突出书中的核心知识技能点，方便读者阅读。书中配备的大量数字化学习资源，分门别类地标记在书中相应知识技能点处的侧边栏内，大量微课、实训录像等可以借助二维码实现随扫随学，弥补传统课堂形式对授课时间和教学环境的制约，并辅以要点提示、笔记栏等，具有新颖、实用的特点。

专业课程建设和教材建设是一项需要持续投入和不断完善的工作。项目组将致力于工业机器人技术专业教学资源库的持续优化和更新，力促先进专业方案、精品资源和优秀教材早入校园，更好地服务于现代职教体系建设，更好地服务于青年成才。

工业机器人技术专业教学资源库项目组

前　言

一、起因

随着工业机器人应用日趋广泛，焊接作为机器人应用的一个主要分支，需求也日益增大。从事机器人焊接操作工这一新职业的人越来越多，机器人操作工在将来的工作中也必然会遇到焊接机器人。因此，对在校的工业机器人技术专业学生，学习和了解必需的焊接知识并掌握一定的机器人焊接技能就十分必要。本书针对弧焊机器人工作站应用，从理论到实践进行了细致的讲解和分析，向读者普及焊接必备基础知识。从生产安全、焊接工艺制订到焊接质量管理，本书内容力求全面。根据高职院校教学特点，书中设计了一系列可操作性强、常用、典型的焊接实例，作为学习项目。同时，书中引入大量微课、动画资源，结合项目驱动式教学理念，力求将理论教学与实践教学融会贯通，加强教学的有效性。

二、内容特点

1. 内容充实，技术实用

本书详细介绍焊接基础理论和机器人焊接知识，参考手工焊接实训内容，根据学生将来在工作中可能遇到的焊接问题精心设计机器人焊接实训项目，保证"所学即所用"。

2. 组织合理，由浅入深

本书循序渐进地介绍焊接原理、焊接过程以及焊接操作。机器人焊接实训项目设计也遵循从简单到复杂的顺序，符合学生认知规律。

3. 两条主线，相互融合

本书以 ABB 弧焊机器人工作站为载体，以 ABB 机器人操作和焊接技术两条主线编排。针对机器人的教学内容涵盖从简单编程到高级编程的基本操作，针对焊接的教学内容包括焊接认知、焊接工艺制订、机器人焊接工艺实施、焊接质量评定等。两条主线通过实践教学相互融合。

4. 新形态一体化教学

本书配备丰富的微课、视频、动画、课件、图片等资源，内容新颖，方便老师授课和学生学习。相关知识点在"智慧职教"教学服务平台均有相应链接，教材中包含和知识点对应的二维码，读者可通过手机扫描二维码的方式学习相关知识。

三、配套的数字化教学资源

本书是工业机器人技术专业教学资源库配套教材，与本书配套的所有教学资源可在"智慧职教"教学服务平台（http：//www.icve.com.cn）查阅。

四、教学建议

本书参考学时为 72 学时。建议采取理论和实践相结合的教学方式，在合理使用配套资源的前提下分配学时。各部分的学时分配建议见下表。

序号	内容	分配建议/学时
1	焊接机器人工作站认知	4
2	焊接概述	6
3	ABB 机器人基本操作	6
4	ABB 机器人焊接基本操作	10
5	ABB 机器人平板对接焊	10
6	ABB 机器人熔化极气体保护焊	14
7	焊接质量检验	8
8	ABB 弧焊机器人工作站维护与应用	14
合　计		72

五、致谢

　　本书由温俊霞担任主编，李骏鹏、刘光浩担任副主编。陈冬玲、陈璟、陈胜裕、陈文勇、冯艺、谷礼双、蓝伟铭、罗洪波、王富春、向小汉参与教材编写和配套资源制作。本书得到广西壮族自治区中青年教师基础能力提升项目（KY2016YB641）的资助，在此表示感谢。

　　由于编者水平有限，对于书中不妥之处，恳请广大读者批评指正。

编者
2021 年 9 月

目　录

项目 1　焊接机器人工作站
　　　　认知 ……………………… 1
　任务 1　工业机器人认知 ………… 3
　　任务分析 …………………………… 3
　　相关知识 …………………………… 3
　　　1.1.1　认识工业机器人 ………… 3
　　　1.1.2　工业机器人的类型 ……… 5
　任务 2　焊接机器人认知 ………… 9
　　任务分析 …………………………… 9
　　相关知识 …………………………… 9
　　　1.2.1　焊接机器人应用与发展 … 9
　　　1.2.2　焊接机器人的类型 ……… 12
　任务 3　弧焊机器人工作站认知 ……… 17
　　任务分析 …………………………… 17
　　相关知识 …………………………… 17
　　　1.3.1　弧焊机器人系统 ………… 17
　　　1.3.2　焊接机器人操作机 ……… 17
　　　1.3.3　弧焊机器人工作站配置 … 21
　　　1.3.4　简易弧焊机器人工作站 … 23
　总结 ………………………………… 24
　习题 ………………………………… 25

项目 2　焊接概述 …………………… 27
　任务 1　焊接方法 ………………… 29
　　任务分析 …………………………… 29
　　相关知识 …………………………… 29
　　　2.1.1　焊接方法分类 …………… 29
　　任务实施 …………………………… 29
　　　2.1.2　常用焊接方法 …………… 29
　任务 2　焊接术语 ………………… 32
　　任务分析 …………………………… 32
　　相关知识 …………………………… 32

　　　2.2.1　焊接接头 ………………… 32
　　　2.2.2　焊缝 ………………………… 33
　　　2.2.3　焊缝坡口加工 …………… 35
　　　2.2.4　对接焊缝的尺寸 ………… 37
　　　2.2.5　角焊缝的尺寸 …………… 38
　　　2.2.6　焊接位置、焊缝倾角和转角 …… 40
　　任务实施 …………………………… 42
　　　2.2.7　焊接手法 ………………… 42
　任务 3　焊接安全生产 …………… 42
　　任务分析 …………………………… 42
　　相关知识 …………………………… 42
　　　2.3.1　触电 ……………………… 42
　　　2.3.2　灼伤和弧光辐射 ………… 43
　　　2.3.3　焊接烟尘和有害气体 …… 44
　　　2.3.4　噪声 ……………………… 45
　　任务实施 …………………………… 46
　　　2.3.5　风险管理 ………………… 46
　总结 ………………………………… 46
　习题 ………………………………… 46

项目 3　ABB 机器人基本
　　　　操作 ……………………… 49
　任务 1　ABB 机器人示教器的使用 ……… 51
　　任务分析 …………………………… 51
　　相关知识 …………………………… 51
　　　3.1.1　安全常识与操作规范 …… 51
　　任务实施 …………………………… 53
　　　3.1.2　系统启动和关闭 ………… 53
　　　3.1.3　示教器的使用 …………… 54
　　　3.1.4　备份与恢复 ……………… 54
　　　3.1.5　手动操纵 ………………… 56
　任务 2　三个关键程序数据 ……… 58
　　任务分析 …………………………… 58

任务实施 ·········· 58
  3.2.1 工具数据（tooldata）·········· 58
  3.2.2 工件数据（wobjdata）·········· 63
  3.2.3 有效载荷数据（loaddata）·········· 66
任务 3 ABB 机器人简单编程·········· 67
  任务分析 ·········· 67
  相关知识 ·········· 67
    3.3.1 程序存储器 ·········· 67
  任务实施 ·········· 67
    3.3.2 转数计数器 ·········· 67
    3.3.3 编程指令 ·········· 69
总结 ·········· 72
习题 ·········· 72

项目 4 ABB 机器人焊接基本
    操作·········· 75
任务 1 CO₂ 气体保护焊工艺 ·········· 77
  任务分析 ·········· 77
  相关知识 ·········· 77
    4.1.1 CO₂ 气体保护焊简介 ·········· 77
    4.1.2 冶金特性和焊接材料 ·········· 78
  任务实施 ·········· 79
    4.1.3 飞溅及防止措施 ·········· 79
    4.1.4 气体和焊丝 ·········· 79
    4.1.5 焊接工艺 ·········· 80
任务 2 ABB 机器人与焊接设备连接 ·········· 81
  任务分析 ·········· 81
  任务实施 ·········· 81
    4.2.1 电焊机与 ABB 机器人通信接口 ··· 81
    4.2.2 ABB 机器人与送丝装置及焊枪
      连接 ·········· 82
    4.2.3 清枪剪丝装置 ·········· 83
任务 3 ABB 机器人简单焊接编程 ·········· 84
  任务分析 ·········· 84
  任务实施 ·········· 84
    4.3.1 快捷键设置 ·········· 84
    4.3.2 焊接参数设置 ·········· 85
    4.3.3 手动调试焊接参数 ·········· 89
    4.3.4 简单焊接编程 ·········· 90
总结 ·········· 93

习题 ·········· 93

项目 5 ABB 机器人平板
    对接焊·········· 95
任务 1 焊接应力与变形 ·········· 97
  任务分析 ·········· 97
  相关知识 ·········· 97
    5.1.1 焊接变形主要类型 ·········· 97
    5.1.2 影响变形的因素 ·········· 97
  任务实施 ·········· 98
    5.1.3 防止变形的基本措施 ·········· 98
    5.1.4 防止变形的设计 ·········· 100
    5.1.5 防止变形的加工技术 ·········· 103
    5.1.6 变形的矫正方法 ·········· 106
任务 2 2 mm 板 I 形坡口对接平焊 ·········· 108
  任务分析 ·········· 108
  任务实施 ·········· 108
    5.2.1 焊接操作要点 ·········· 108
    5.2.2 2 mm 板 I 形坡口对接平焊
      实施 ·········· 110
任务 3 12 mm 板 V 形坡口对接平焊 ··· 113
  任务分析 ·········· 113
  相关知识 ·········· 113
    5.3.1 焊接坡口 ·········· 113
  任务实施 ·········· 113
    5.3.2 多层多道焊工艺 ·········· 113
    5.3.3 12 mm 板 V 形坡口对接平焊实施 ··· 114
总结 ·········· 116
习题 ·········· 116

项目 6 ABB 机器人熔化极气体
    保护焊·········· 119
任务 1 熔化极氩弧焊认知 ·········· 121
  任务分析 ·········· 121
  相关知识 ·········· 121
    6.1.1 熔化极惰性气体保护电弧焊的
      特点 ·········· 121
  任务实施 ·········· 122
    6.1.2 熔化极惰性气体保护电弧焊
      工艺 ·········· 122

6.1.3　熔化极脉冲氩弧焊工艺 ············ 125

任务 2　熔化极氩弧焊气体选用 ········ 126

任务分析 ·································· 126

相关知识 ·································· 126

6.2.1　Ar+He、Ar+N$_2$ ············· 126

6.2.2　Ar+CO$_2$ ···················· 127

6.2.3　常用保护气体 ··············· 127

任务 3　T 形接头平角焊 ················ 129

任务分析 ·································· 129

相关知识 ·································· 130

6.3.1　T 形接头平角焊焊件 ········ 130

任务实施 ·································· 130

6.3.2　T 形接头平角焊装配与定位焊 ··· 130

6.3.3　T 形接头平角焊编程 ········ 130

6.3.4　T 形接头平角焊实施 ········ 131

任务 4　管板对接焊 ···················· 132

任务分析 ·································· 132

相关知识 ·································· 132

6.4.1　管板对接焊焊件 ············· 132

任务实施 ·································· 132

6.4.2　管板对接焊装配与定位焊 ··· 132

6.4.3　管板对接焊实施 ············· 134

总结 ··· 135

习题 ··· 135

项目 7　焊接质量检验 ··············· 139

任务 1　常见焊接缺陷 ················ 141

任务分析 ·································· 141

相关知识 ·································· 141

7.1.1　裂纹 ························· 141

7.1.2　空穴 ························· 141

7.1.3　固体夹渣 ····················· 142

7.1.4　未熔合 ························· 142

7.1.5　形状和尺寸不良 ············· 143

7.1.6　其他缺陷 ····················· 144

任务 2　焊接质量控制 ················ 145

任务分析 ·································· 145

任务实施 ·································· 145

7.2.1　焊接前的质量控制 ········· 145

7.2.2　焊接过程中的质量控制 ····· 146

7.2.3　焊接结构的成品检验 ······· 148

任务 3　无损检测 ····················· 149

任务分析 ·································· 149

任务实施 ·································· 150

7.3.1　超声波探伤 ················· 150

7.3.2　射线探伤 ····················· 157

7.3.3　涡流探伤 ····················· 161

总结 ··· 163

习题 ··· 164

项目 8　ABB 弧焊机器人工作站
　　　　维护与应用 ·············· 167

任务 1　弧焊机器人工作站维护 ······ 169

任务分析 ·································· 169

任务实施 ·································· 169

8.1.1　机器人本体维护 ············· 169

8.1.2　控制器维护 ················· 171

8.1.3　焊接设备维护 ··············· 173

任务 2　故障应对措施与中断程序 ····· 174

任务分析 ·································· 174

任务实施 ·································· 174

8.2.1　故障应对措施与典型故障
　　　　分析 ························· 174

8.2.2　中断程序 ····················· 175

8.2.3　错误处理器程序 ············· 176

总结 ··· 178

习题 ··· 178

参考文献 ································· 181

项目 **1**

焊接机器人工作站认知

在电子技术、计算机技术、数控及机器人技术的支撑下，焊接机器人从 20 世纪 60 年代开始用于生产，其技术日臻完善。通过将工业机器人配置成各种机器人工作站，可以实现柔性自动化生产。焊接机器人工作站利用工业机器人实现焊接自动化，生产效率高，产品质量稳定，产品改型换代周期短。因此，焊接机器人工作站在机械制造、汽车制造等行业得到广泛应用。

学习目标

📖 知识目标
- 了解工业机器人的发展及应用。
- 了解机器人焊接系统。
- 了解各种焊接机器人的特点及应用。
- 了解焊接机器人工作站的结构。

☑ 技能目标
- 掌握工业机器人的类型。
- 掌握焊接机器人的类型和应用。
- 掌握焊接机器人工作站各组成部分的作用。
- 掌握焊接系统的结构。

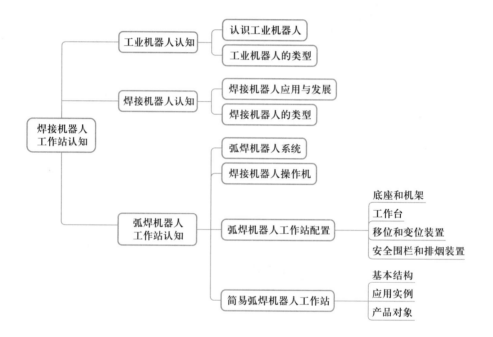

任务 1　工业机器人认知

课件
工业机器人认知

任务分析

工业机器人应用广泛，种类繁多。本任务从认识工业机器人开始，介绍工业机器人的发展历史、应用环境、类型、基本结构。通过这个学习任务，可以对工业机器人形成基本认识，如它的概念、类型、应用。

相关知识

1.1.1　认识工业机器人

图片
智能机器人
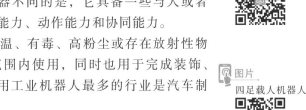

工业机器人是一种自动化的机器。和其他机器不同的是，它具备一些与人或者生物的"智能"相似的能力，如感知能力、规划能力、动作能力和协同能力。

工业机器人的应用十分广泛，尤其适合在高温、有毒、高粉尘或存在放射性物质的恶劣作业环境中或在一些人所不能到达的范围内使用，同时也用于完成装饰、搬运等重复性强、枯燥、繁重的任务。其中，应用工业机器人最多的行业是汽车制造业。图 1-1 所示为工作中的焊接机器人。

图片
四足载人机器人

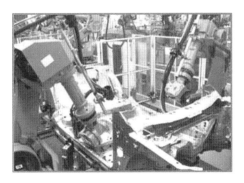

图片
买菜机器人

图 1-1　工作中的焊接机器人

视频
光源跟随

1. 工业机器人的定义

工业机器人是指在工业环境中应用的机器人，是一种能自动控制的，可重复编程的，多功能、多自由度、多用途的操作机，用来完成各种作业。

目前，工业机器人是技术最成熟、应用最广泛的机器人。焊接机器人、搬运机器人、装配机器人和喷涂机器人是最常用的工业机器人类型。

工业机器人在焊接、搬运、装配和喷漆工作中表现不俗。不过，它只能机械地按照规定的指令工作，并不考虑外界条件和环境的变化。

视频
全向轮追球

2. 工业机器人的发展历程

（1）不同时期的工业机器人

1959 年，美国造出了世界上第一台工业机器人 Unimate（图 1-2（a）），可实现回转、伸缩、俯仰等动作。

视频
足球机器人

视频
机器狗

视频
履带式野外机器人

视频
企鹅机器人

视频
坦克模型

视频
舞蹈机器人

视频
相扑机器人
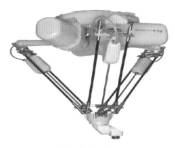

2005 年，日本 YASKAWA 公司推出可代替人完成组装和搬运的机器人 MOTOMAN-DA20（图 1-2（b））和 MOTOMAN-IA20。

2008 年，德国 KUKA 公司推出 KR 5 arc HW（Hollow Wrist）（图 1-2（c）），其机械臂上有一个 50 mm 宽的通孔，可以保护机械臂上的整套保护气体软管的敷设。

2010 年，意大利柯马（COMAU）公司推出 SMART5 PAL（图 1-2（d）），可实现装载、卸载、多产品拾取、堆垛等。

2012 年，日本 FANUC 公司推出的 Robot M-3iA（图 1-2（e））装配机器人采用 4 轴或 6 轴模式，具有独特的平行连接结构，具备轻巧便携的特点，承重可达 6 kg。

(a) Unimate

(b) MOTOMAN-DA20

(c) KR 5 arc HW

(d) SMART5 PAL

(e) Robot M-3iA

图 1-2 不同时期的工业机器人

（2）工业机器人的发展趋势

工业机器人研发水平最高的是日本、美国与欧洲。日本工业机器人技术发展处于首位；美国工业机器人技术发展迅速，目前新安装的台数已经超过了日本。我国工业机器人与进口机器人尚存一定技术差距，目前发展较快，开始进入产业化的阶段，已经研制出多种工业机器人样机，有小批量在生产中使用。

工业机器人技术基本沿着两个方向发展：模仿人的手臂运动，实现多维运动，典型应用为弧焊机器人、点焊机器人；模仿人的下肢运动，实现物料输送、传递等搬运功能，如搬运机器人。

（3）工业机器人对现代工业的贡献

ABB 公司总结出的工业机器人的使用价值如下。

① 降低运营成本。

② 提升产品质量与一致性。

③ 改善员工的工作环境。

④ 扩大产能。

⑤ 增强生产的柔性。

⑥ 减少原料浪费，提高成品率。

⑦ 满足安全法规，改善生产安全条件。

⑧ 减少人员流动，缓解招聘技术工人的压力。

⑨ 降低投资成本，提高生产效率。

⑩ 节约宝贵的生产空间。

1.1.2　工业机器人的类型

工业机器人如弧焊机器人、点焊机器人、装配机器人、喷涂机器人、搬运机器人等，在实际工业生产中广泛应用。

由于机器人对生产环境和作业要求具有很强的适应性，可用于完成不同生产作业的工业机器人的种类也越来越多，如抛光机器人、打毛刺机器人、激光切割机器人，极大地推动了工业自动化。

微课

工业机器人分类及应用

关于工业机器人分类，国际上没有制定统一的标准，可按负载重量、控制方式、自由度、结构、应用领域、结构坐标系等方式进行分类。

1. 按结构坐标系分类

工业机器人按结构坐标系的分类如图 1-3 所示。

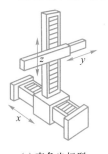

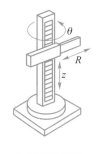
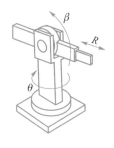
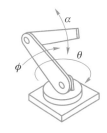

(a) 直角坐标型　　(b) 圆柱坐标型　　(c) 球面坐标型　　(d) 多关节型

图 1-3　工业机器人按结构坐标系的分类

（1）直角坐标（型）机器人

直角坐标机器人具有空间上相互垂直的多个直线移动轴，通过直角坐标系中 X、Y、Z 方向的 3 个独立自由度确定其手部的空间位置，其动作空间为长方体。

（2）圆柱坐标（型）机器人

圆柱坐标机器人主要由旋转基座、垂直移动和水平移动轴构成，具有一个回转和两个平移自由度，其动作空间为圆柱形。

（3）球面坐标（型）机器人

球面坐标机器人的空间位置分别由旋转、摆动和平移 3 个自由度确定，动作空间形成球面的一部分。

（4）多关节（型）机器人

以垂直多关节机器人为例，它模拟人手臂的功能，由垂直于地面的腰部旋转轴、带动小臂旋转的肘部旋转轴以及小臂前端的手腕等组成，手腕通常有 2~3 个自由度，其动作空间近似一个球体。

2. 按本体机械结构分类

工业机器人按本体机械结构分为平面关节型、平行杆型、多关节型等，如图 1-4 所示。

(a) 平面关节型　　　　　　(b) 平行杆型　　　　　　(c) 多关节型

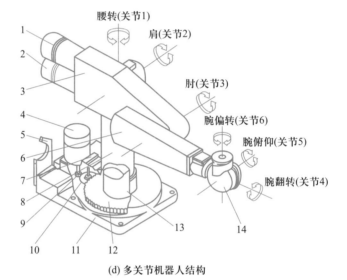

(d) 多关节机器人结构

1—关节2电动机；2—关节3电动机；3—大臂；4—关节1电动机；5—小臂定位夹板；6—小臂；7—气动阀；8—立柱；9—直齿轮；10—中间齿轮；11—基座；12—主齿轮；13—管形连接轴；14—手腕

图 1-4　工业机器人按本体机械结构分类

3. 按机器人的技术等级分类

（1）示教再现机器人

第一代工业机器人是示教再现机器人，能够按照人预先示教的轨迹、行为、顺序和速度重复作业，示教可由操作员手把手进行或通过示教器完成，如图 1-5 和图 1-6 所示。

（2）感知机器人

第二代工业机器人是感知机器人，具有环境感知装置，能在一定程度上适应环境的变化，目前已经进入应用阶段，如图 1-7 所示。

（3）智能机器人

第三代工业机器人是智能机器人，具有发现问题和自主地解决问题的能力，如

图 1-8 所示，尚处于实验研究阶段。

图 1-5　手把手示教

图 1-6　示教器示教

图 1-7　配备视觉系统的工业机器人

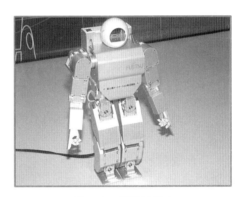

图 1-8　智能机器人

4. 按作业任务分类

工业机器人按作业任务可分为搬运、码垛、焊接、涂装、装配机器人等。

（1）搬运机器人

搬运机器人被广泛应用于机床上下料、冲压机自动化生产线、自动装配流水线、码垛搬运、集装箱等的自动搬运，如图 1-9 所示。

按结构形式，搬运机器人可分为龙门式搬运机器人、悬臂式搬运机器人、侧壁式搬运机器人、摆臂式搬运机器人和关节式搬运机器人。常见的搬运机器人末端执行器有吸附式、夹钳式、仿人式等。吸附式末端执行器可分为气吸附式和磁吸附式。

（2）码垛机器人

码垛机器人被广泛应用于化工、饮料、食品、塑料等的生产企业，对纸箱、袋装、罐装、啤酒箱等多种形式的包装成品都适用，如图 1-10 所示。

码垛机器人与搬运机器人在本体结构上区别不大，通常可认为码垛机器人本体较搬运机器人大。在实际生产当中码垛机器人多为四轴且多数带有辅助连杆，连杆主要起到增加力矩和平衡的作用，码垛机器人多不能进行横向或纵向移动，安装在物流线末端。常见的码垛机器人按结构分为关节式码垛机器人、摆臂式码垛机器人和龙门式码垛机器人。常见的码垛机器人末端执行器有吸附式、夹板式、抓取式、组合式。

视频
工业中应用的机器人

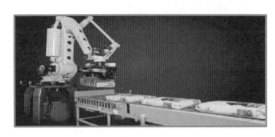

图 1-9   搬运机器人

图 1-10   码垛机器人

视频
ABB 焊接机器人

（3）焊接机器人

焊接机器人如图 1-11 所示，可以开拓柔性自动化生产方式，在一条生产线上同时焊接多件。

世界各国生产的焊接机器人基本上都属于多关节机器人，绝大部分有 6 个轴，目前应用普遍的主要有 3 种：弧焊机器人、点焊机器人和激光焊接机器人。弧焊机器人与点焊机器人的结构基本相同，主要由操作机、控制系统、弧焊系统、安全设备等组成。

弧焊机器人多采用气体保护焊方法（CO_2 气体、混合气体等）。

（4）涂装机器人

涂装机器人广泛应用于汽车、汽车零部件、铁路、家电、建材、机械等行业，如图 1-12 所示。

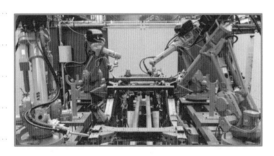

图 1-11   焊接机器人

图 1-12   涂装机器人

国内外的涂装机器人大多数从结构上仍属于与通用工业机器人相似的 5 或 6 自由度串联多关节机器人，在其末端加装自动喷枪。按照手腕结构划分，涂装机器人主要分为球型手腕涂装机器人和非球型手腕涂装机器人。典型的涂装机器人工作站主要由涂装机器人、机器人控制系统、供漆系统、自动喷枪/旋杯、喷房、防爆吹扫系统等组成。

（5）装配机器人

装配机器人被广泛应用于各种电器的制造及流水线产品的组装，高效、精确、不间断，如图 1-13 所示。

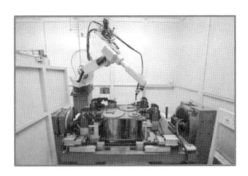

图 1-13　装配机器人

装配机器人大多数有 4~6 轴，目前市场上常见的装配机器人以臂部运动形式分为直角式装配机器人和关节式装配机器人，关节式又分为水平串联关节式、垂直串联关节式和并联关节式。装配机器人工作站主要由操作机、控制系统、装配系统（手爪、气体发生装置、真空发生装置或电动装置）、传感系统和安全保护装置组成。

任务 2　焊接机器人认知

任务分析

鉴于焊接行业的特殊性，工业机器人在焊接行业应用非常广泛。本任务对焊接机器人的发展史进行简要介绍，并对不同焊接机器人的工作环境和结构特点进行说明。

课件
焊接机器人认知

相关知识

1.2.1　焊接机器人应用与发展

焊接机器人广泛应用于工业制造各个领域。汽车制造领域使用的工业机器人超过一半是焊接机器人。

微课
机器人焊接概述

1. 焊接机器人的概念

焊接机器人是从事焊接作业（包括切割与喷涂）的工业机器人。焊接机器人主要是在工业机器人的末轴法兰装接焊钳或焊（割）枪，使之能进行焊接、切割或热喷涂。

焊接机器人是集机械、电子、计算机、传感器、人工智能等多方面知识和技术于一体的现代化、自动化设备。焊接机器人主要由机器人和焊接设备两大部分构成。机器人由机器人本体和控制系统组成。焊接设备以点焊为例，则由焊接电源、专用焊枪、传感器、修磨器等部分组成。此外，还有相应的系统保护装置。

2. 焊接机器人的应用背景

焊接是现代机械制造业中必不可少的一种加工工艺，在汽车、工程机械、摩

图片
机器人弧焊工作站

图片
激光焊接机器人

图片
激光切割机器人

图片
汽车零件点焊

图片
三维六轴激光切割

托车等生产行业中占有重要的地位。过去采用的人工焊接加工是一项繁重的工作，随着许多焊接结构件的焊接精度和速度要求的提高，一般工人已难胜任这一工作。此外，焊接时的电弧、火花及烟雾等会对人体造成伤害，加上焊接工艺的复杂性、劳动强度、产品质量和批量要求，使得焊接工艺对自动化、机械化的要求极为迫切。汽车制造的批量化、高效率和对产品质量一致性的要求，使焊接机器人在汽车焊接中获得广泛应用。汽车制造中机器人自动焊接所占比重超过建筑、造船等其他行业，这也反映出汽车焊接生产所具有的自动化、柔性化、集成化的制造特征。

焊接机器人是焊接自动化的革命性进步，它突破了焊接刚性自动化的传统方式，开拓了一种柔性自动化的方式。刚性自动化生产设备通常都是专用的，只适用于大、中批量的自动化生产，因而在很长一段时期内中、小批量产品的焊接生产仍然以手工焊接为主要方式，而焊接机器人的出现，使小批量产品自动化焊接生产成为可能。由于机器人具有示教再现功能，完成一项焊接任务只需要对机器人进行一次示教，随后机器人可精确再现示教的每一步操作。如果需要机器人执行另一项作业，不需要改变任何硬件，只要对机器人再进行一次示教或编程即可。因此，在同一条焊接机器人生产线上，可同时按顺序自动操作不同的作业。

3. 焊接机器人的优点

① 焊接质量高，并且稳定。

② 劳动生产率高，可全天24小时连续工作。

③ 可以在有毒、有害的环境下工作，替代人工作业。

④ 降低对工人操作技术的要求。

⑤ 可实现小批量产品的焊接自动化。

⑥ 能在空间站建设、核能设备维修、深水焊接等的极端环境中完成人无法或难以进行的焊接作业。

⑦ 为焊接柔性生产线提供技术基础。

4. 焊接机器人的发展历史

从20世纪60年代开始，焊接机器人诞生并发展到现在，大致分为三代。第一代是基于示教再现方式的焊接机器人，由于其操作简便，不需要环境模型，并且可以在示教时修正机械结构带来的误差，因此在焊接生产中得到大量的应用。第二代是基于传感信息的离线编程机器人，它得益于焊接传感技术和离线编程技术的不断改进和快速发展，目前已经进入实际应用研究阶段。第三代是具有多种传感器，在接收作业指令后可根据客观环境自行编程的高度适应性智能焊接机器人，目前正处于实验研究阶段。

随着计算机智能控制技术的不断进步，焊接机器人必将从单一的示教再现型向多传感器、智能化、柔性化加工方向发展。最近几十年来，随着焊接技术和其他科学技术的迅猛发展，出现了激光、电子束、等离子、气体保护焊等新的焊接方法，加上高质量、高性能焊接材料的不断发展和完善，几乎所有的工程材料都能实现焊接。而且焊接自动化技术发展迅速，自动化焊接越来越多地代替了手工焊接。在各种焊接技术及焊接系统中，以电子技术、信息技术及计算机技术综合应用为标志的焊接机械化、自动化系统乃至焊接柔性制造系统，是信息时代焊接技术的重要特点。实现焊接产品制造的自动化、柔性化与智能化已成为必然趋势。

采用机器人焊接已成为焊接自动化技术现代化的主要标志。焊接机器人由于具有通用性强、工作可靠的优点，受到越来越多的重视。在焊接生产中采用机器人技术，可以提高生产率，改善劳动条件，稳定和保证焊接质量，实现小批量产品的焊接自动化。工业发达的国家和地区在制造业中广泛应用工业机器人技术。20 世纪 60 年代初，焊接机器人刚诞生不久就开始应用于焊接加工，经过60 多年的技术发展和经验积累，不仅技术成熟，而且实际应用成功。许多大型汽车生产企业广泛采用机器人进行汽车制造的焊接加工，大大提高了汽车产品的质量和生产效率。

美国通用、福特，日本丰田、日产，德国大众、宝马等大型汽车生产企业建立了基本上全部采用机器人焊接的车身焊接生产线。这些企业的焊接自动化生产从最初的半自动化，即采用焊接机器人代替手工焊接，上下料、待焊工件定位夹紧等工作采用人工完成，已发展成柔性自动化焊接生产线，整个焊接过程全部自动完成。当今的汽车产品改型换代相当频繁，不同的车型需要不同的焊接生产线。如果重建新的焊接生产线，要花费大量资金，而原有的焊接生产线则被闲置或报废，造成极大浪费。假如焊接生产线具有柔性，则只需要对生产线进行局部改造就可以满足新产品车型的生产需要。自动化焊接生产线是由焊接设备、焊接工装夹具、自动控制和机械化运输系统等组成，其中焊接设备的柔性是决定焊接生产线柔性的关键。而焊接机器人是机体独立、动作自由度多、程序变更灵活、自动化程度高、柔性程度高的焊接设备，具有功能多、重复定位精度高、焊接质量高、运动速度快、动作稳定可靠等特点，是焊接设备柔性化的最佳选择。

视频
汽车生产线

我国的机器人焊接应用起步较晚。20 世纪 70 年代末，上海电焊机厂与上海电动工具研究所合作研制的直角坐标机械手，成功地应用于"上海"牌轿车底盘的焊接，可以视为我国机器人焊接应用的开端，虽然这还不是严格意义上的机器人焊接。到了 80 年代，我国应用机器人焊接生产的发展开始明显加快，主要是在一些大、中型的汽车、摩托车、工程机械等制造企业中广泛采用，特别是在汽车制造企业，焊接机器人的应用最为广泛。1984 年，一汽成为我国最早引进焊接机器人进行汽车制造的企业，先后从德国 KUKA 公司引进了 3 台焊接机器人，用于当时的"红旗"牌轿车的车身焊接和"解放"牌卡车的车顶盖焊接。我国 1986 年成功应用机器人焊接汽车前围总成，1988 年开发了机器人焊接车身总焊装线。此后，德国大众公司等一批世界著名汽车生产企业在我国与国内企业合资办厂，引入了一系列自动化生产设备和工艺装备，使焊接机器人大量进入我国。汽车制造中的发动机、变速箱、车桥、车架、车身、车厢这六大总成加工都离不开焊接技术应用。随着我国汽车需求量的激增，汽车制造业急需适应市场需求的先进加工技术来改变传统的加工方法。需要采用先进的自动化焊接加工技术来替代传统的、落后的加工技术，提高汽车产品的质量和生产率，提升我国制造业自动化水平。汽车工业的技术水平和生产能力体现了一个国家的工业技术水平。我国汽车工业正在步入高速发展的快车道，并成为国民经济的支柱产业，对国民经济的贡献和对提高人民生活质量的作用也越来越大。

我国加入 WTO 后，面对国际市场的激烈竞争。国内制造业特别是汽车工业急需引进、开发具有世界先进水平的生产线。目前，我国许多大型的汽车制造企业都在努力进行现代化的技术改造，特别是在焊接加工中采用半自动化、全自动化加工技术，运用焊接机器人、上下料机器人、搬运机器人等机器人来完成人工动作。利用机器人焊接可以有效提高产品质量，降低能耗，改善工人劳动条件，稳定和保证焊接质量。虽然我国已经掌握了焊接机器人生产的关键技术，并且也有专门生产焊接机器人的工厂，但是机器人产品同世界先进产品相比，在性价比上还有很大差距。目前我国焊接机器人应用以自我设计开发焊接辅助设备为主，结合先进的焊接机器人产品，研发出焊接机器人工作站、焊接机器人生产线等自动化焊接加工系统，应用于我国飞速发展的汽车工业及其他制造业。

5. 焊接工作中采用焊接机器人的重要性

焊接工作由于存在焊接烟尘、弧光、金属飞溅，焊机环境恶劣。而焊接质量的好坏决定了产品的质量。焊接机器人的重要性如下。

① 焊接质量稳定并得到提高，均一性得到保证。焊接结果主要受焊接电流、电压、速度及干伸长度等焊接参数的影响。机器人焊接时，每条焊缝的焊接参数固定，人为影响比较小。当人工焊接时，焊接速度、干伸长度等都是变化的，质量的均一性不能保证。

② 工人劳动条件得到改善。工人在焊接机器人的应用中只负责装卸工件，从而远离了焊接烟尘、弧光、金属飞溅。对于点焊工人来说，不用再搬运笨重的手工焊钳，劳动强度得到了减轻。

③ 劳动生产率得到提高。机器人可以全天 24 小时连续生产。随着高速高效焊接技术的应用，使用机器人焊接以后，生产效率得到大幅提高。

④ 产品周期明确，产品产量容易控制。机器人的生产环节是固定的，所以安排生产的计划将会非常明确。

⑤ 大大缩短了产品改型换代的周期，设备投资相应减少。焊接机器人可以实现小批量产品的自动化，通过修改程序来适应不同工况，较传统焊接优势明显。

1.2.2   焊接机器人的类型

焊接机器人主要包括机器人和焊接设备两部分。机器人由机器人本体和控制柜（硬件及软件）组成。而焊接装备，以弧焊及点焊为例，则由焊接电源（包括其控制系统）、送丝机（弧焊）、焊枪（钳）等部分组成。智能机器人还有传感系统，如激光或摄像传感器及其控制装置。

1. 点焊机器人

（1）点焊机器人的概念

点焊机器人是用于点焊自动作业的工业机器人，其末端执行器是焊钳，如图 1-14 所示。实际上，工业机器人在焊接领域的最早应用是汽车装配生产线上的电阻点焊。

最初，点焊机器人只用于增强焊作业，即往已拼接好的工件上增加焊点。后来，为保证拼接精度，又让机器人完成定位焊作业。点焊机器人逐渐被要求有更全面的作业性能。点焊机器人不仅要有足够的负载能力，而且在点与点之间移位时速度要快捷，动作要平稳，定位要准确，以减少移位的时间，提高工作效率。

机器人点焊用焊钳从外形结构上有 C 型和 X 型 2 种。C 型焊钳用于点焊垂直及近于垂直倾斜位置的焊点，如图 1-15 所示；X 型焊钳则主要用于点焊水平及近于水平倾斜位置的焊点，如图 1-16 所示。

（2）点焊机器人的作业性能要求

① 安装面积小，工作空间大。

② 快速完成小节距的多点定位（如每 0.3~0.4 s 移动 30~50 mm 节距后定位）。

③ 定位精度高（±0.25 mm），以确保焊接质量。

④ 持重大（50~150 kg），以便携带内装变压器的焊钳。

⑤ 内存容量大，示教简单，节省工时。

⑥ 点焊速度与生产线速度相匹配，同时安全可靠性好。

图 1-14 点焊机器人   图 1-15 C 型焊钳   图 1-16 X 型焊钳

2. 弧焊机器人

弧焊机器人是工业机器人最重要的应用领域。弧焊对焊接机器人的要求比点焊高。

弧焊机器人的应用范围很广，除汽车行业之外，在通用机械、金属结构制品行业中都有应用。弧焊机器人是包括各种焊接附属装置在内的焊接系统，不只是以规划的速度和姿态携带焊枪移动的单机。

（1）弧焊机器人的概念

弧焊机器人是用于弧焊（主要有熔化极气体保护焊和非熔化极气体保护焊）自动作业的工业机器人，其末端执行器是焊枪。事实上，弧焊过程比点焊要复杂得多，被焊工件由于局部加热熔化和冷却产生变形，焊缝轨迹会发生变化。因此，并不是一开始焊接机器人就用于弧焊作业，而是焊接传感器的开发及其在焊接机器人中的应用，使机器人弧焊作业的焊缝跟踪与控制问题得到有效解决。

在弧焊作业中，要求焊枪跟踪工件的焊道运动，并不断填充金属，形成焊缝。

因此，运动过程中速度的稳定性和轨迹精度是两项重要的指标。此外，弧焊机器人还应具有抖动功能、坡口填充功能、焊接异常（如断弧、工件熔化）检测功能、焊接传感器（起始点检测、焊道跟踪）的接口功能。

（2）弧焊机器人相对于点焊机器人的特点

弧焊机器人的应用范围很广，需要机械化和自动化的弧焊作业场合都可以采用弧焊机器人。弧焊机器人除了应具有机器人的一般功能外，还必须具备一些适合弧焊工艺要求的功能。

与点焊机器人相比，弧焊机器人有以下特点。

① 弧焊机器人受控运动方式是连续轨迹控制，即机械手总成终端按预期的轨迹和速度运动。点焊机器人受控运动方式是点位控制，只在目标点上完成操作。

② 由于弧焊过程比点焊过程复杂得多，要求机器人终端的运动轨迹的重复精度、焊枪的姿态、焊接参数都要有更精确的控制。为了满足填丝条件下角焊缝及多焊道的成形要求，弧焊机器人还应具有终端横向摆动的功能。

③ 弧焊机器人经常工作在焊缝短而多的情况下，需要频繁地引弧和收弧，因此要求机器人具有可靠的引弧和收弧功能。对于空间焊缝，为了确保焊接质量，还需要机器人能实时调整焊接参数。

④ 弧焊时容易发生黏丝、断丝等故障，如不及时采取措施，将会损坏机器人或报废工件，因此要求机器人必须具有及时检出故障并实时自动停车、报警等功能。

（3）弧焊工艺对机器人的基本要求

① 弧焊作业都采用连续路径控制（CP），其定位误差应小于 0.5 mm。

② 弧焊机器人可达到的工作空间必须大于焊接所需的工作空间。

③ 按焊件材质、焊接电源、弧焊方法选择合适的机器人。

④ 正确选择周边设备，组成弧焊机器人工作站。弧焊机器人仅仅是柔性焊接作业系统的主体，此外还应有行走机构及移动机架，以扩大机器人的工作范围。同时，还应有各种定位装置、夹具及变位机。多自由度变位机应能与机器人协调控制，使焊缝处于最佳焊接位置。

⑤ 弧焊机器人应具有防碰撞及焊枪矫正、焊缝自动跟踪、熔透控制、焊缝始端检出、定点摆焊及摆动焊接、多层焊、清枪剪丝等相关功能。

⑥ 机器人应具有较高的抗干扰能力和可靠性（平均无故障工作时间应超过 2 000 h，平均修复时间不大于 30 min；在额定负载和工作速度下连续运行 120 h，工作应正常），并具有较强的故障自诊断功能（如黏丝、断弧故障显示及处理）。

⑦ 弧焊机器人示教记忆容量应大于 5 000 点。

⑧ 弧焊机器人的抓重一般为 5～20 kg，经常选用 8 kg 左右。

⑨ 在弧焊作业中，焊接速度及其稳定性是重要指标，一般情况下焊速约取 5～50 mm/s，在薄板高速 MAG 焊中，焊接速度可能达到 4 m/min 以上。因此，机器人必须具有较高的速度稳定性，在高速焊接中还对焊接系统中电源和送丝机构有特殊要求。

⑩ 由于弧焊工艺复杂，示教工作量大，现场示教会占用大量生产时间，因此弧焊机器人必须具有离线编程功能。其方法为：在生产线外另安装一台主导机器人，用它模仿焊接作业的动作，然后将生成的示教程序传送给生产线上的机器人；借助计算机图形技术，在显示器（CRT）上按焊件与机器人的位置关系对焊接动作进行图形仿真，然后将示教程序传给生产线上的机器人，目前已经有多种这方面商品化的软件包可以使用，如 ABB 公司提供的机器人离线编程软件 RobotStudio。

（4）机器人弧焊的特点

机器人技术在焊接自动化过程中扮演了重要角色，不仅减轻了工人的劳动强度，而且提高了焊接效率、焊接质量和质量稳定性，应用广泛。目前弧焊机器人大都以示教-再现或编程控制方式工作，其特点如下。

① 与一般自动焊接设备相比具有柔性，可通过编程用于不同任务。

② 运动轨迹已知，由示教、编程决定。

③ 严格按照规定的运动参数施焊，控制精度高，稳定性好。

④ 在工件情况已知的条件下焊接质量比手工焊接高。

⑤ 不能处理与程序描述不相符合的例外情况。

（5）弧焊机器人的结构

弧焊机器人的结构主要有直角坐标型和关节型。对于小型、简单的焊接作业，机器人有 4、5 轴即可以胜任，对于复杂工件的焊接，采用 6 轴机器人时调整焊枪的姿态比较方便。对于特大型工件焊接作业，为加大工作空间，有时把关节机器人悬挂起来，或者安装在运载小车上使用。

焊接用的工业机器人基本上都属于电驱动的 6 轴关节机器人，其中 1、2、3 轴的运动是把焊枪（钳）送到不同的空间位置，而 4、5、6 轴的运动是解决焊枪（钳）的姿态问题。

关节机器人按本体的结构可分为平行四边形机器人和侧置（摆式）机器人（腰部不动），如图 1-17 所示。

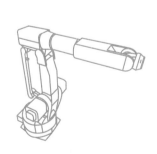 

(a) 平行四边形机器人　　　　　　(b) 侧置(摆式)机器人(适合倒挂安装)

图 1-17　关节机器人

3. 激光焊接机器人

激光焊接机器人是用于激光焊自动作业的工业机器人，通过高精度工业机器人实现更加柔性的激光加工作业，其末端持握的工具是激光加工头，具有最小的热输入量，产生极小的热影响区，如图1-18至图1-20所示。

图1-18　激光焊接机器人

图1-19　激光切割机器人

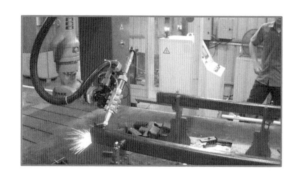

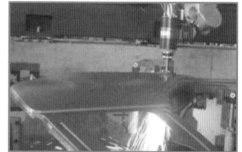

图1-20　三维6轴激光切割

激光焊接成为一种成熟的无接触的焊接方式已经多年，极高的能量密度使得高速加工和低热输入量成为可能。与机器人电弧焊相比，机器人激光焊的焊缝跟踪精度要求更高。基本性能要求如下。

① 高精度轨迹（小于或等于0.1 mm）。

② 持重大（30~50 kg），以便携带激光加工头。

③ 可与激光器进行高速通信。

④ 机械臂刚性好，工作范围大。

⑤ 具备良好的振动抑制和控制修正功能。

目前激光焊接机器人都选用可光纤传输的激光器，如图1-21所示，如固体激光器、半导体激光器、光纤激光器等。

激光加工头装在6自由度机器人本体手臂末端，它的运动轨迹和激光加工参数是由机器人数字控制系统提供的。根据用途不同（切割、焊接、熔覆）应选择不同的激光加工头，如图1-22所示。

图 1-21　IPG500W 光纤激光器

(a) 激光切割加工头

(b) 激光焊接加工头

图 1-22　激光加工头

任务 3　弧焊机器人工作站认知

课件
弧焊机器人工作
站认知

任务分析

　　机器人工作站是指一台或多台机器人通过配备相关作业设备和外围装置，能一起完成一道工序或一种作业的设备组合。弧焊机器人工作站是通过配置弧焊设备，使机器人能完成弧焊作业的一套设备。本任务主要介绍弧焊机器人工作站的基本配置，使读者掌握弧焊机器人工作站主要组成部分的功能。

相关知识

1.3.1　弧焊机器人系统

　　要采用机器人进行焊接，光有一台机器人是不够的。焊接机器人不仅仅是配有焊枪（钳）的工业机器人，它必须是一个系统，除机器人外还需要有焊接设备、机器人或工件的移动装置、工件变位装置、定位和夹紧装置、焊枪喷嘴或焊钳电极的清理或修整装置、安全保护装置等。

　　并不是每一个弧焊机器人系统都必须配备所有这些外围设备，应根据工件的具体结构、焊缝位置的可达性和对接头质量的要求来选择，但机器人的安全保护设施是必不可少的。

　　MIG/MAG 焊机器人系统基本结构如图 1-23 所示。弧焊机器人工作站是一个操作系统，通常由机器人、焊接设备、机器人或工件的移动和变位装置、工件的定位和夹紧装置、焊枪喷嘴或焊钳电极的清理或修整装置、安全保护装置等组成。非填丝的 TIG 焊或等离子弧焊则不需要送丝机构。

微课
弧焊机器人系统的
基本配置

微课
弧焊工作站的认识

1.3.2　焊接机器人操作机

　　焊接用的工业机器人基本上都属于电驱动的六轴关节式机器人（也有气动式的），其中 1、2、3 轴的协调运动用来把焊枪（钳）送到指定的空间位置，而 4、5、6 轴的协调运动，用来解决焊枪（钳）的姿态问题。由于交流伺服电动机没有碳刷，

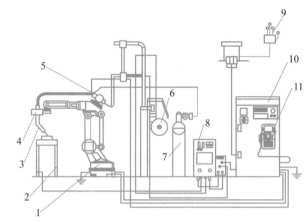

1—弧焊机器人；2—工作台；3—焊枪；4—防撞传感器；5—送丝机；6—焊丝盘；
7—气瓶；8—焊接电源；9—三相电源；10—机器人控制柜；11—编程器

图 1-23   MIG/MAG 焊机器人系统基本结构

动特性好，负载能力强，机器人的故障率低，免维修时间长，各轴运动的加（减）速度快，所以早期工业机器人各关节（轴）的运动基本上全由交流伺服电动机来驱动。

图片
机器人在焊接

关节式机器人本体一般为平行四边形结构或侧置结构，如图 1-24 和图 1-25 所示。从图 1-25 可以看出，侧置结构的机器人上、下臂的活动范围较大，腰部轴不转动就可以将焊枪从前下部位置经顶部运动到机器人的后下部，配合腰部轴转动，最大工作空间将接近球面。关节机器人也适用于倒置安装，如图 1-26 所示，可增加工作范围，减少占地面积，方便地面的物流。但是，侧置式机器人的大、小臂轴为悬臂结构，刚度稍低，负载能力相对较小，适用于弧焊、切割、激光焊割等。

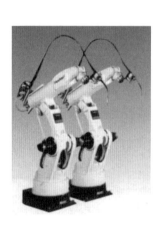

(a) 外观

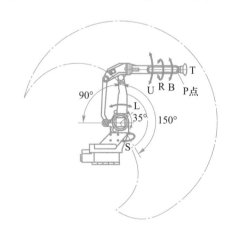

(b) 活动范围

图 1-24   平行四边形结构

图 1-27 所示为机器人系统的轴，分别有机器人轴、机器人基座轴、工装轴，工作范围大，适应不同工作环境下的运动轨迹要求。

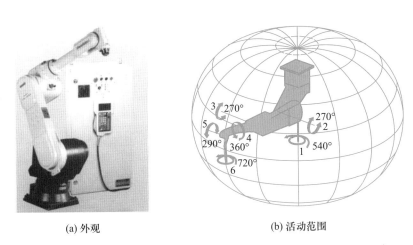

(a) 外观   (b) 活动范围

图 1-25 侧置结构

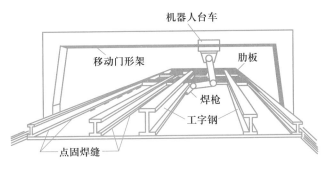

图 1-26 机器人倒置形式

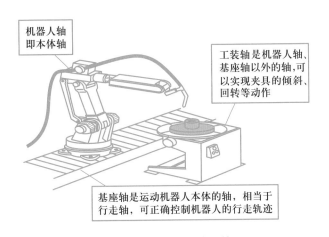

图 1-27 机器人系统的轴

目前在生产中广泛使用的弧焊机器人是第一代工业机器人即示教型机器人，这类机器人的功能特点是示教再现,如图1-28所示。示教型机器人工作时首先需要操作者通过示教器编程,记录焊接路径关键点,并设置焊接引弧点、火弧点以及焊接工艺参数。再现时,机器人沿示教好的轨迹和焊接工艺参数精确执行,并可以周而复始,全自动运行。这种工作方式重复件好,但没有视觉,缺少对环境变化的自适应能力。例如,当实际行走轨迹与示数轨迹由于加工、安装、焊接变形等原因存在位置偏差时,可能导致焊接质量不好甚至焊接失败。具有一定传感功能的第二代工业机器人在某些焊接领域也有应用,如具备焊缝跟踪功能的弧焊机器人可以自动修正焊接路径,在示教的基础上可以一定程度上适应环境的变化。第三代工业机器人即智能机器人,能感知外部环境,自动制订运动轨迹、焊枪姿态和焊接参数,但目前仍处于研究阶段。

(a) 弧焊机器人系统外观

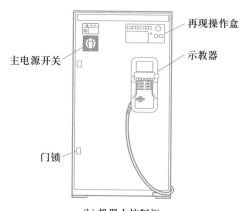

(b) 机器人控制柜

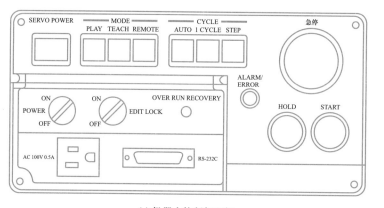

(c) 机器人控制柜面板

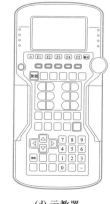

(d) 示教器

图1-28   弧焊机器人系统

图片
CO_2 焊接

图片
安全光栅

厂家提供的机器人最大工作范围是以腕关节的中心点为准的,并没有考虑焊枪的大小。因此,用户在分析机器人工作范围时应把焊枪(钳)的尺寸和焊接时的姿态考虑进去。考虑了焊枪(钳)的尺寸并不意味着装了焊枪(钳)后机器人的工作范围一定加大,在某些姿态下,它甚至会比厂家提供的机器人最大工作范围还小。

1.3.3　弧焊机器人工作站配置

弧焊机器人工作站的外围设备大致分为机器人的底座，工件的固定工作台，工件的变位、翻转、移动装置，机器人的龙门机架、固定机架、移动装置等。工件的固定还需要有胎具、夹具。另外，还可能需要配备焊枪喷嘴的清理装置，焊丝的剪切装置，焊钳电极的修整、更换装置等辅助设备。大部分机器人的生产厂家都有自己的标准外围设备，可方便地与自己的机器人组合使用，但如果将它们与其他公司的机器人组合，可能会有一定的困难，最好由专业的机器人工程应用开发公司来完成。

图片
弧焊机器人专用外围设备

1. 机器人的底座和机架

机器人的底座和机架是最简单的外围设备，它们的作用都是把机器人安装在一个合适的高度上，如图 1-29 和图 1-30 所示。图 1-29 的底座是机器人直立安装时采用的，而图 1-30 的机架是机器人倒挂安装时采用的。底座和机架虽然很简单，但它们的作用是不可忽视的。前面已经介绍了平行四边形机器人和侧置（摆式）机器人的工作空间。如果用离地面不同高度的平面去截取机器人的工作空间，就会发现不同高度工作空间的最大宽度是不同的。如果被焊工件的宽度较大，就必须把机器人安装在一个合适的高度上，使焊钳或焊枪能够达到所有需要焊接的部位，同时还要照顾到操作和维护的方便与安全。

图片
门锁

图片
供气系统

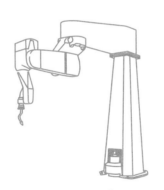

图 1-29　底座　　　　　　　图 1-30　机架

图片
焊装夹具 1

图片
焊装夹具 2

2. 工件的工作台

如果被空焊工件的焊缝少，或都处于水平位置，或对焊接质量要求不是很高，在焊接时不需要对工件进行变位，可以将工件固定在工作台上。工件台就是一个普通的平台，下面可以固定一个、两个或更多个夹具。有时工件的正反两面都要焊接，也可以采用这种简便的方式，即在工作台上布置两个夹具，一个用来焊工件的正面，一个用来焊反面，机器人在两工位间来回焊接，虽然操作工人需要将工件翻转一次、装卸两次才能完成一个工件的焊接，但可以节省一套工件的变位或翻转机构，使辅助设备的投资降低，而且生产节拍也不慢。

图片
拉丝式焊机

3. 工件和机器人的移位和变位装置

机器人或工件的移位装置都是使机器人系统有更多的自由度和更好的可达性，

加大机器人的有效工作范围，方便编程。工件的变位装置主要是为了使被焊的接缝能处于水平或船型位置，以便获得质量高、外观好的焊缝。变位机在弧焊机器人系统的结构中占有重要的地位，种类也比较多，如图 1-31 所示 U 型变位机和图 1-32 所示翻转变位机，应根据实际情况选择。

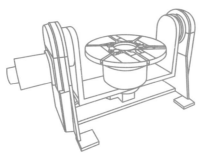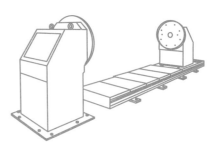

图 1-31   U 型变位机   图 1-32   翻转变位机

4. 安全围栏和排烟装置

机器人系统的安全应用十分重要，绝对不能马虎大意。建议在决定使用弧焊机器人时应首先仔细阅读有关机器人安全的文件。虽然目前各国机器人制造厂家提供的机器人的可靠性都很高，发生早期机器人那样的受干扰而误动作的概率几乎为零，但是机器人的运动速度很快，达到 3 m/s 以上，一旦人员误入机器人工作区，很容易发生机器人伤人的事故。因此，必须在机器人工作区域之外设置安全围栏和安全保护装置，防止人员误入危险区。为了保持车间空气的清洁，每一个弧焊机器人工作站的上方都应该设置抽除烟尘的装置。

（1）安全围栏

安全围栏是围在机器人工作区域之外的围栏，高约 1.5~1.9 m。这里所说的机器人工作区域是指机器人为了焊接全部焊缝所需运动的最大范围的水平投影面积，而不一定是机器人本身的最大运动空间。也就是说，工作区域可能比机器人的最大运动范围小。围栏所包围的面积应尽可能小，以减少占用车间的地面面积。围栏可以用钢管和金属网制成，成本较低。这种围栏不能挡光，只能挡人，所以可以做得比较矮。最好是用不反光的棕色铝型材做框和有色的有机玻璃或能防紫外线透过的塑料板来做围栏板，高度需超过人眼的高度，这样既可挡人又可减弱弧光强度，效果较好。围栏通常是围三面，留一面让操作人员可以接近工作台或变位机，方便工件的装卸。围栏至少要开一扇门，使维修人员或操作人员在必要时可以进入机器人的工作区内，进行设备的维修和保养。

（2）安全保护设施

为了保护人员的安全，除了设置围栏之外，还需要在围栏开口的一面和门上安装安全保护设施。例如，在门上安装一个微动开关或接近开关，门一旦被打开或没有关好，只要这开关没有闭合，机器人就不会工作。在操作人员装卸工件的围栏开口的一侧，可以装光栏栅。即在围栏开口处的一边安装一台红外线发射器，对应的另一边安装一台红外接收器。当有人经过光栏栅，接收器接收不到红外线，机器人控制柜马上会得到一个警告信号，并根据事先设定的要求，机器人立即停止工作或不转到操作人员正在工作的一边，或者变位机不转动，一直等到操作人员退出该区并按动"准备完毕"的按钮，机器人或变位机才"解除警报"，并按程序继续动作。对不适合安装光栏栅的场所，可以在有危险的工作区内，铺一块"安全地毯"。当工作人员踏在这块地毯上，控制柜也会得到一个警告信号，而当人员离开地毯后，警告信号自动消除。

为了预防事故，在围栏外面安装一个或多个急停按钮。一旦发生意外事故，周围的人员可以从最近的地方按下急停按钮。例如，在操作人员的操作盘上和围栏的门边安装急停按钮。

（3）排烟装置

为了保持焊接车间的空气质量，每一个弧焊机器人工作站都应安装排烟罩，并与车间的排烟除尘系统相接。有的工厂还安装向操作人员的工作区吹送新鲜空气的管路，夏天送凉风，冬天送暖风，改善工人的劳动条件。

1.3.4　简易弧焊机器人工作站

1. 简易弧焊机器人工作站基本结构

简易焊接机器人工作站可适用于不同的焊接方法，如熔化极气体保护焊（MIG/MAG/CO_2）、非熔化极气体保护焊（TIG）、等离子弧焊接与切割、激光焊接与切割、火焰切割及喷涂等。下面仅就简易弧焊机器人工作站进行简要介绍，其他的可以类推。

简易弧焊机器人工作站一般由弧焊机器人（包括机器人本体、机器人控制柜、示教器、弧焊电源和接口、送丝机、焊丝盘支架、送丝软管、焊枪、防撞传感器、操作控制盘及各设备间相连接的电缆、气管和冷却水管等）、机器人底座、工作台、工件夹具、围栏、安全保护设施和排烟罩等部分组成，必要时可再加一套焊枪喷嘴清理及剪丝装置（参看图1-23）。简易弧焊接机器人工作站的一个特点是，焊接时工件只是被夹紧固定而不变位。可见，除夹具必须根据工件情况单独设计外，其他的都是标准的通用设备或简单的结构件。简易弧焊接机器人工作站由于结构简单可由工厂自行成套，只需购进一套焊接机器人，其他可自己设计制造和成套。但必须指出，这仅仅适用于简易机器人工作站，对较复杂的机器人系统最好还是由机器人工程应用开发单位提供成套"交钥匙"服务。

图片
变位机

图片
焊接机器人 1

2. 简易弧焊机器人工作站应用实例

图1-33所示为一种简易弧焊机器人工作站的典型应用实例，用于焊接圆罐与碟形顶盖的水平封闭圆形角焊缝。由于焊缝是处于水平位置，工件不必变位；而且弧焊机器人的焊枪可由机器人带动，做圆周运动，完成圆形焊缝的焊接，不必使工件自转，从而节省两套工件自转的驱动系统，可简化结构，降低成本。

图片
焊接机器人 2

这种简易工作站采用两个工位，也可以根据需要采用更多的工位，并把工作台设计成以机器人第1轴为圆心的弧形，以便机器人能方便地到达各个工位进行焊接。在工作台上装两个或更多夹具，可以同时固定两个或两个以上的工件，一个工位上的工件在焊接，另外的在装卸或等待。工位之间用挡光板隔开，避免弧光及飞溅物对操作者的伤害。这种工作站一般都采用手动夹具。当操作人员将工件装夹固定好之后，按下操作盘上的"准备完毕"按钮，这时机器人正在焊接的工件一旦焊完，马上会自动转到已经装好的待焊工件的工位上接着焊接。机器人就这样在各个工位间轮流进行焊接，有效地提高其使用率，而操作人员轮流在各工位装卸工件。这种工作站的一个缺点是操作者要在工位间来回走动。工位越多，焊接周期越短，8h 内所走的距离也越长。如果某工位上已焊完的工件没有拿下来，或操作人员已装上待焊件但忘记按"准备完毕"按钮，机器人把正在焊接的工件焊完后，因没得到准备完毕的信号而停下来等待。如工作台上有多个夹具，机器人是根据各夹具（工位）发出"准备完毕"信号的先后顺序来焊接的，而不是按夹具的排列顺序来焊接的。

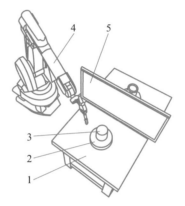

1—工作台；2—夹具；3—工件；4—弧焊机器人；5—挡光板

图 1-33　简易弧焊机器人工作站

需要强调，简易工作站尽管简单，但安全围栏和安全保护设施也是必不可少的。

简易弧焊机器人工作站的控制比较简单，除了机器人之外没有其他需要控制的对象，机器人的控制柜就能完成全部的控制任务。由于有两个或更多个工位轮流上下工件，每个工位需要一个操作器，每个操作器上至少要有一个急停按钮和一个"准备完毕"按钮。这就是弧焊机器人工作站中最简单的一种形式。

3. 简易弧焊机器人工作站适用的产品对象

简易弧焊机器人工作站适合用于焊接不需要变位的工件，这往往是因为接缝已处于水平状态，或者是对处于非水平空间位置的焊缝的成形要求不高。前面介绍的应用实例可以有两种情况，一种情况是每个圆罐只有一个顶盖要焊，另一种情况是每个罐上下有两条圆形焊缝要焊。对于后者，工件在第一工位焊完后翻过来再装到第二工位，焊另一条焊缝。对于比较轻的小工件，装卸两次并不麻烦，效率也不低，而且能简化设备，节省投资。

总　　结

本项目首先简要介绍了工业机器人，然后介绍了焊接机器人的应用，在介绍焊接机器人的基础上详细介绍了弧焊机器人工作站的配置。通过学习这部分内容，可以对工业机器人、焊接机器人、弧焊机器人工作站形成整体认识。

习　　题

一、填空题

1. ＿＿＿＿＿＿年美国推出世界上第一台工业机器人 Unimate 型。

2. 第一代焊接机器人是基于＿＿＿＿＿＿工作方式的焊接机器人。

3. 第二代焊接机器人是基于一定＿＿＿＿＿＿的离线编程焊接机器人。

4. 第三代焊接机器人是装有＿＿＿＿＿＿，接受作业指令后能根据客观环境自行编程的高度适应智能机器人。

5. 焊接机器人主要包括机器人和＿＿＿＿＿＿两部分。

6. 工业机器人由机器人本体和＿＿＿＿＿＿＿＿＿＿组成。

7. 点焊机器人需要有多大的负载能力，取决于所用的＿＿＿＿＿＿形式。

8. 弧焊机器人的基本功能弧焊过程比点焊过程要＿＿＿＿＿得多。

9. 对形状复杂的焊缝，尽量选用＿＿＿＿＿轴机器人。

10. 弧焊机器人多属于第一代工业机器人，采用＿＿＿＿＿＿工作方式。

11. 在选择焊接电源时，一般应按持续率＿＿＿＿＿＿来确定电源的容量。

12. 弧焊机器人焊缝跟踪技术的研究以＿＿＿＿＿＿与控制理论方法为主。

13. 在弧焊机器人传感技术的研究中，电弧传感器和＿＿＿＿＿＿占有突出地位。

14. 电弧传感器一般分为三类：并列双丝电弧传感器、＿＿＿＿＿＿、旋转式扫描电弧传感器。

二、简答题

1. 焊接机器人分为哪两类?

2. 点焊机器人和弧焊机器人有什么不同?

3. 弧焊机器人有哪些主要设备?

4. 什么是虚拟现实（virtual reality，VR）技术?

5. 弧焊机器人一般采用什么方法进行焊接?

6. 光学传感器包括哪些类型?

习题答案
项目 1

项目 2

焊接概述

　　焊接技术发展至今，衍生的各种焊接工艺技术有近百种，几乎采用了力、热、电、光、声、化学等一切可以利用的能源形式。焊接技术的应用涉及能源、交通、航空航天、建筑工程、电气工程、微电子等几乎所有工业领域。随着工业机器人的广泛应用，材料连接的理论及焊接制造技术的迅猛发展，机器人焊接极大地助力了现代制造业的发展。

　　虽然机器人焊接不需要焊工的大量手工作业，但是焊接是国家规定的特殊工种之一，如需进行焊接相关作业，必须取得安全生产监督管理局颁发的熔化焊接与热切割作业证书。因此，有必要学习和掌握焊接的基本知识和基本技能。

学习目标

知识目标

- 掌握焊接的定义、分类、特点。
- 掌握防止触电及防止火灾、爆炸、中毒、辐射及特殊环境的安全技术措施。
- 掌握焊接安全生产的重要性和焊接劳动保护措施。
- 了解常用机器人焊接方法与应用概况。
- 了解电弧焊的基本原理和特性。

技能目标

- 掌握劳动安全的基本法律法规。
- 树立焊接生产安全意识。

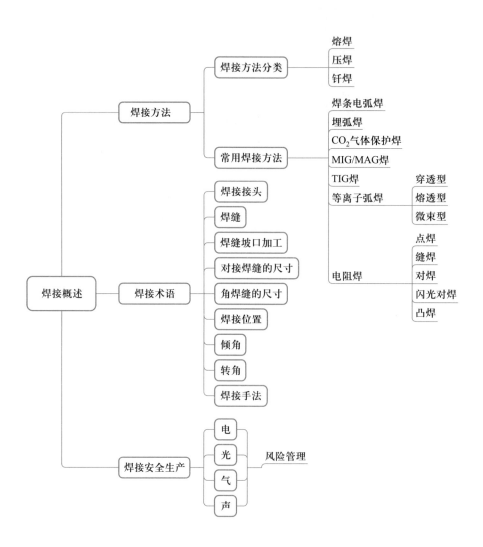

任务 1　焊接方法

任务分析

金属焊接是指通过适当的手段，使两个分离的金属物体（同种金属或异种金属）产生原子（分子）间结合而连接成一体的连接方法。

焊接方法种类繁多，金属或非金属通过采用不同方法均可实现焊接。焊接结构连接性能好、密封性好、承压能力强，在工程建设、机械制造、石油化工、航空航天等各个行业得到了广泛应用。机器人焊接易于实现自动焊，在汽车制造和工程机械制造方面应用十分普遍。

课件
焊接方法

相关知识

2.1.1　焊接方法分类

据统计，目前焊接方法有上百种，按照其工艺过程的特点可分为熔焊、压焊、钎焊三大类。熔焊在连接部位需加热至熔化状态，一般不加压；压焊必须施加压力，加热是为了加速实现焊接；钎焊时，母材不熔化，只熔化起连接作用的填充材料（钎料）。常用的焊接方法见表 2-1。

表 2-1　常用焊接方法与分类

熔焊	电弧焊	焊条电弧焊、埋弧焊、氩弧焊、CO_2 气体保护焊、药芯焊丝电弧焊、钨极氩弧焊、原子氢焊
	气焊	氢-氧焊接、氧乙炔焊、空气-乙炔焊
	高能束焊	等离子弧焊、电子束焊、激光焊
	其他热源的焊接	铝热焊、电渣焊
压焊		锻焊、摩擦焊、扩散焊、冷压焊、电阻焊、超声波焊、高频焊、爆炸焊
钎焊		火焰钎焊、烙铁钎焊、电阻钎焊、盐浴钎焊、炉中钎焊

任务实施

2.1.2　常用焊接方法

1. 焊条电弧焊

原理：手工操作焊条进行焊接。焊条电弧焊利用焊条与焊件之间建立起来的稳定燃烧的电弧，使焊条和焊件熔化，从而获得牢固的焊接接头。焊条电弧焊属于气-

渣联合保护焊。

主要特点：操作灵活；待焊接头装配要求低；可焊金属材料广；焊接生产率低；焊缝质量依赖性强（依赖于焊工的操作技能及现场发挥）。

应用：广泛用于造船、锅炉及压力容器、机械制造、建筑结构、化工设备等制造维修行业中。适用于（上述行业中）各种金属材料、各种厚度、各种结构形状的焊接。

2. 埋弧焊（自动焊）

微课
埋弧焊焊接工艺的
焊前准备

原理：电弧在焊剂层下燃烧。利用焊丝和焊件之间燃烧的电弧产生的热量，熔化焊丝、焊剂和母材（焊件）而形成焊缝。埋弧焊采用渣保护。

主要特点：焊接生产率高；焊缝质量好；焊接成本低；劳动条件好；难以在空间位置施焊；对焊件装配质量要求高；不适合焊接薄板（焊接电流小于100 A时，电弧稳定性不好）和短焊缝。

应用：广泛用于造船、锅炉、桥梁、起重机械及冶金机械制造业中。凡是焊缝可以保持在水平位置或倾斜角不大的焊件，都可以用埋弧焊。板厚需大于5 mm（防烧穿）。焊接碳素结构钢、低合金结构钢、不锈钢、耐热钢、复合钢材等。

3. CO_2 气体保护焊（自动或半自动焊，机器人焊接常用方法）

图片
CO_2 焊组成

原理：利用 CO_2 作为保护气体的熔化极电弧焊方法，属于气体保护焊。

主要特点：焊接生产率高；焊接成本低；焊接变形小（电弧加热集中）；焊接质量高；操作简单；飞溅率大；很难用交流电源焊接；抗风能力差；不能焊接易氧化的有色金属。

应用：主要焊接低碳钢及低合金钢。适于各种厚度。广泛用于汽车制造、机车和车辆制造、化工机械、农业机械、矿山机械等部门。

4. MIG/MAG焊（熔化极惰性气体/活性气体保护焊，机器人焊接常用方法）

MIG焊原理：采用惰性气体作为保护气，使用焊丝作为熔化电极的一种电弧焊方法。保护气通常是氩气、氦气或它们的混合气。MIG用惰性气体，MAG在惰性气体中加入少量活性气体，如氧气、二氧化碳气。

主要特点：焊接质量好；焊接生产率高；无脱氧去氢反应（易形成焊接缺陷，对焊接材料表面清理要求特别严格）；抗风能力差；焊接设备较复杂。

图片
钨极惰性气体保护
焊原理

应用：几乎能焊所有的金属材料，主要用于有色金属及其合金，不锈钢及某些合金钢（太贵）的焊接。最薄厚度约为1 mm，大厚度基本不受限制。

5. TIG焊（钨极惰性气体保护焊）

原理：在惰性气体保护下，利用钨极与焊件间产生的电弧热熔化母材和填充焊丝（也可不加填充焊丝），形成焊缝的焊接方法。焊接过程中电极不熔化。

主要特点：适应能力强（电弧稳定，不会产生飞溅）；焊接生产率低（钨极承载电流能力较差（防钨极熔化和蒸发，防焊缝夹钨））；生产成本较高。

应用：几乎可焊所有金属材料，常用于不锈钢，高温合金，铝、镁、钛及其合金，难熔活泼金属（锆、钽、钼、铌等）和异钟金属的焊接。焊接厚度一般在6毫米以下的焊件，或厚件的打底焊。利用小角度坡口（窄坡口技术）可以实现 90 mm以上厚度的窄间隙 TIG 自动焊。

6. 等离子弧焊

原理：借助水冷喷嘴对电弧的拘束作用，获得高能量密度的等离子弧进行焊接的方法。

主要特点（与氩弧焊比）：① 能量集中、温度高，大多数金属在一定厚度范围内都能获得小孔效应，可以得到充分熔透、反面成形均匀的焊缝。② 电弧挺度好，等离子弧基本是圆柱形，弧长变化对焊件上的加热面积和电流密度影响比较小。所以，等离子弧焊的弧长变化对焊缝成形的影响不明显。③ 焊接速度比氩弧焊快。④ 能够焊接更细、更薄加工件。⑤ 设备复杂，费用较高。

应用：① 穿透型（小孔型）等离子弧焊。利用等离子弧直径小、温度高、能量密度大、穿透力强的特点，在适当的工艺参数条件下（较大的焊接电流 100~500 A），将焊件完全熔透，并在等离子流力作用下，形成一个穿透焊件的小孔，并从焊件的背面喷出部分等离子弧的等离子弧焊接方法。可单面焊双面成形，最适于焊接 3~8 mm 的不锈钢，12 mm 以下钛合金，2~6 mm 低碳钢或低合金结构钢以及铜、黄铜、镍及镍合金的对接焊。（板太厚，受等离子弧能量密度的限制，形成小孔困难；板太薄，小孔不能被液态金属完全封闭，固不能实现小孔焊接法。）② 熔透型（溶入型）等离子弧焊。采用较小的焊接电流（30~100 A）和较低的等离子气体流量，采用混合型等离子弧焊接的方法，不形成小孔效应。主要用于薄板（0.5~2.5 mm）的焊接、多层焊封底焊道以后各层的焊接及角焊缝的焊接。③ 微束型。焊接电流在 30 A 以下的等离子弧焊。喷嘴直径很小（$\phi 0.5~1.5$ mm），得到针状细小的等离子弧。主要用于焊接 1 mm 以下的超薄、超小、精密的焊件。

7. 电阻焊

原理：电阻焊一般是使工件处在一定电极压力作用下并利用电流通过工件时所产生的电阻热将两工件之间的接触表面熔化而实现连接的焊接方法。

主要特点：冶金过程简单，通常在焊后不必安排校正和热处理工序；不需要焊丝、焊条等填充金属，以及氧、乙炔、氢等焊接材料，焊接成本低；操作简单，易于实现机械化和自动化，改善了劳动条件；产率高，且无噪声及有害气体，在大批量生产中，可以和其他制造工序一起编到组装线上。缺点：目前还缺乏可靠的无损检测方法，焊接质量只能靠工艺试样和工件的破坏性试验来检查，以及靠各种监控技术来保证；点、缝焊的搭接接头不仅增加了构件的重量，且因在两板焊接熔核周围形成夹角，致使接头的抗拉强度和疲劳强度较低；设备功率大，机械化、自动化程度较高，使设备成本较高、维修较困难。

电阻焊方法有很多，有点焊、缝焊、对焊、闪光对焊、凸焊等。其中，点焊主要用于厚度 4 mm 以下的薄板构件冲压件焊接，特别适合汽车车身和车厢、飞机机身的焊接，采用机器人进行点焊作业是汽车制造中的常见工艺。

任务 2   焊接术语

任务分析

焊接工艺的制定、实施和评价涉及大量焊接术语。本任务从焊接接头、焊缝类型、坡口尺寸和位置描述、焊接缺陷等多个方面详细介绍了焊接过程中涉及的专业术语和符号。通过本任务，可以初步认识焊接生产，识读焊接工艺卡片。

课件
焊接术语

相关知识

2.2.1   焊接接头

焊接接头是对工件进行特殊加工和装配，使用时通过钎焊或焊接连接在一起的连接件。

焊接时由于焊件的厚度、结构及使用条件的不同，焊接接头类型也不同。焊接接头的类型及定义见表 2-2。

表 2-2   焊接接头的类型及定义

接头类型	示意图	定义
对接接头		两个工件的两端或边缘夹角为 135°~180° 的焊接接头
T 形接头	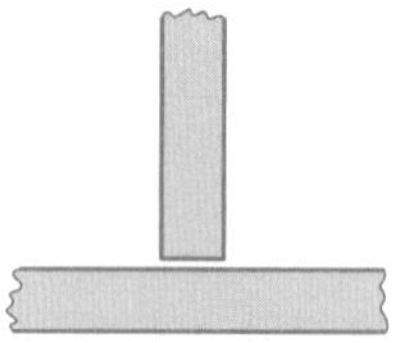	一工件的一端或边缘与另一工件表面夹角在 5°~90°（含 90°）
角接接头	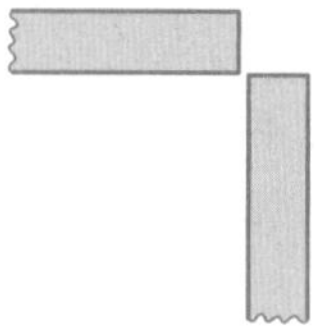	两个工件的两端或边缘夹角在 30°~135° 的焊接接头
端接接头	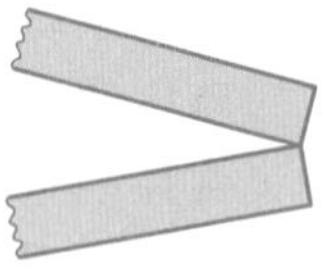	两个工件表面之间的夹角在 0°~30° 的焊接接头
十字形接头		两个平板或两个棒材以合适的角度和相同的轴线焊接到另一个平板上

续表

接头类型	示意图	定义
搭接接头		两重叠部分夹角为 0°~5°的焊接接头

对接接头与 T 形接头的基本特征如图 2-1 所示。

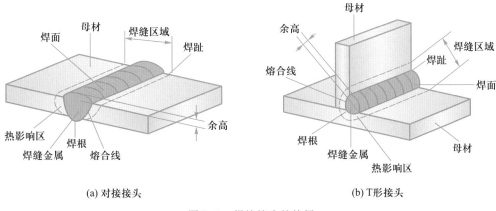

(a) 对接接头　　　　　　　　(b) T形接头

图 2-1　焊接接头的特征

母材：通过焊接、熔钎焊或钎焊焊接的金属。

焊材：焊接、熔钎焊或钎焊焊接过程中添加的金属。

焊缝金属：所有在焊接过程中熔化并保留在焊缝中的金属。

热影响区：受焊接和热切割过程中热效应影响，但是没有熔化的母材。

熔合线：熔化焊接时焊缝金属和热影响区之间的界线，它是焊缝连接处的另一种称呼。

焊缝区域：包含焊缝金属和热影响区的区域。

焊面：朝向实施焊接工作面的焊缝表面。

焊根：第一道焊接，距离焊工最远的部分。

焊趾：焊面和母材之间或者不同焊接道次之间的边界。由于焊趾通常是高应力的集中区域，也是不同类型裂纹（如疲劳裂纹和冷裂纹）的萌生处，因此这是一个焊缝中非常重要的部分。为了降低应力集中，焊趾和母材之间的过渡必须平滑。

余高：高出焊趾连接平面的焊缝金属。另有非标准的名称为过度填充或者加强高。

2.2.2　焊缝

微课
焊缝的形成过程

焊缝是指通过焊接而形成的金属部分。焊缝的形式可以按焊缝的结合形式、熔透状况、母材与焊缝的材质等进行分类。图 2-2 为不同位置的焊缝形式，其中图 2-2（a）所示对接焊缝具有多种形式。图 2-3 列举了几种不同的对接焊缝。

1. 按焊缝结合形式分类

自熔焊缝（autogenous weld）：在不加焊丝的情况下，通过 TIG、等离子、电子

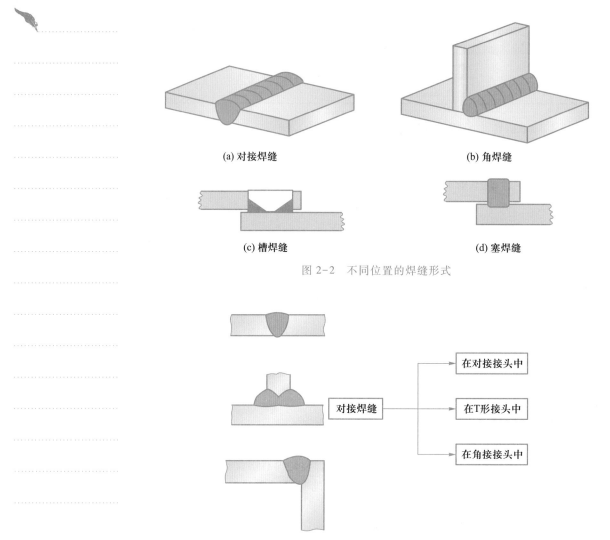

(a) 对接焊缝　　　　　　　　　　　(b) 角焊缝

(c) 槽焊缝　　　　　　　　　　　(d) 塞焊缝

图 2-2　不同位置的焊缝形式

在对接接头中

对接焊缝 —— 在T形接头中

在角接接头中

图 2-3　对接焊缝的不同形式

微课
焊缝形状与焊缝质量的关系

微课
焊接工艺因素对焊缝成形的影响

束、激光或者氧-乙炔火焰等加热使母材熔化而获得的焊缝。

槽焊缝（slot weld）：两个搭接的部件之间通过在其中一个部件上的小孔边缘形成角焊缝，将其与另一个部件在小孔处的平面连接在一起而形成的焊缝，如图 2-2（c）所示。

塞焊缝（plug weld）：通过填丝填充一个部件中的小孔，通过搭接的方式将其与另一部件在小孔处连接在一起，如图 2-2（d）所示。

2. 按熔透情况分类

焊缝根据熔透情况可以分为全熔透焊缝、部分熔透焊缝两类，如图 2-4 所示。

全熔透焊缝是金属完全熔透整个接头的焊缝，而且焊根完全焊透。部分熔透焊缝是未完全熔透接头焊缝。

3. 按母材、焊材材质区分的焊缝类型

同质焊缝：在这类接头中，焊缝金属和母材在力学性能和化学成分方面没有明

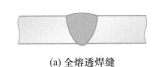 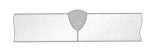

(a) 全熔透焊缝　　　　　　　　(b) 部分熔透焊缝

图 2-4　焊缝的形式

显的差别。例如，采用与母材相同的碳钢焊条来焊接碳钢。

异质焊缝：在焊接接头中，焊缝金属和母材在力学性能和化学成分方面有明显的差别。例如采用镍基合金焊条来焊接修复铸铁部件。

4. 焊接道次分类

厚板焊接有时需要多层多道焊接。用一条焊道熔敷整条焊缝，称为单道焊，如图 2-5（a）所示。由多层多道焊接形成整条焊缝，称为多层多道焊，如图 2-5（b）所示。它和多层单道焊统称多层焊。多层焊时每一个分层由一条或多条焊道形成，层次按焊接顺序从下往上命名。同样，道次也按焊接顺序命名。

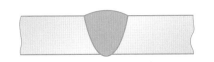 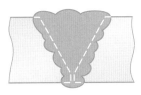

(a) 单道焊　　　　　　　　(b) 多层多道焊

图 2-5　对接接头的焊道

2.2.3　焊缝坡口加工

1. 焊缝坡口的特点

坡口面角度：焊接前，焊接件边缘加工坡口的角度。

采用手工金属电弧焊接（manual metal arc welding，MMA）时，V 形坡口的角度为 25°~30°，U 形坡口为 8°~12°，单侧坡口为 40°~50°，J 形坡口为 10°~20°。

坡口夹角：焊接件上熔合面平面之间的夹角。在 V 形或 U 形和双 V 形或者 U 形坡口情况下，它是坡口面角度的两倍。在单侧或者双面单侧坡口、J 形或者双 J 形坡口情况下，它和坡口面角度相同。

钝边：焊根区域熔合面未开坡口或斜面的部分。钝边的高度和焊接方法、母材、应用要求有关。在碳钢全熔透焊接时，对大多数焊接方法而言，钝边的高度为 1~2mm。

间隙：两个待焊接件边缘、端部或者表面之间的最小距离。它的大小和焊接方法、具体应用有关。在碳钢全熔透焊接时，间隙通常为 1~4mm。

根部半径：J 形或者 U 形坡口和双 J 形或 U 形坡口熔合面曲线部分的半径。在采用 MMA、MIG/MAG 和氧—乙炔火焰焊接碳钢时，对 U 形和双 U 形坡口，根部半径通常为 6mm。J 形和双 J 形坡口根部半径通常为 8mm。

坡口根部平台：J 形坡口和 U 形坡口中，钝边和曲线部分之间的平台。平台的长度可以为零，这种平台常用于铝合金的 MIG 焊接。

2. 坡口类型

焊接接头的坡口可根据其形状、位置不同而区分。I 形坡口如图 2-6 所示，这种坡口通常用于薄壁部件的单面或者双面焊接。如果根部间隙为零（部件紧密接触），就变为紧密接触 I 形坡口（通常不建议使用，因为容易出现未熔透的缺陷）。

V 形坡口如图 2-7 所示，V 形坡口是焊接过程中用得最多的坡口，它可以通过火焰切割或者等离子切割来加工（成本低，速度快）。对厚板，通常采用双 V 形坡口，这样填充所要的丝材较少，焊接的残余应力两边平衡，产生的变形较小。

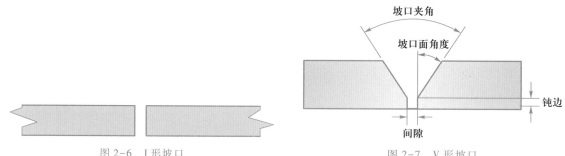

图 2-6　I 形坡口　　　　　　　　　　图 2-7　V 形坡口

双 V 形坡口如图 2-8 所示，两边坡口的深度可以是一样的（对称双 V 形坡口），也可以是不一样的（非对称双 V 形坡口）。通常情况下，正面坡口的深度为板材厚度的三分之二，背面坡口的深度为板材厚度的三分之一。这种非对称型坡口采用背面开坡口，可以获得平衡的焊接道次，变形较小。在采用单面 V 形坡口时，只需要从一面焊接，而双 V 形坡口需要从两面焊接（这一点对所有的双面坡口都相同）。

U 形坡口如图 2-9 所示，U 形坡口只能通过机械加工实现（慢且昂贵）。不管怎样，这种坡口形式比 V 形坡口组装简单方便。与单 V 形坡口加工比较，它通常应用于厚板材（需要更少的填充焊丝来完成焊接，这使残余应力和变形减小）。与 V 形坡口加工一样，如果是很厚的零件，可以使用双面 U 形坡口。

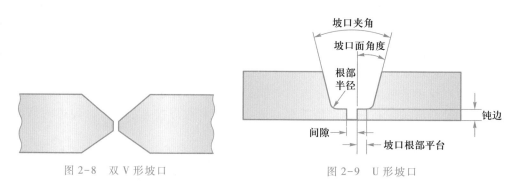

图 2-8　双 V 形坡口　　　　　　　　图 2-9　U 形坡口

双 U 形坡口如图 2-10 所示，使用这种类型的坡口并不要求必须有坡口根部平台（铝合金除外）。

带垫板的 V 形坡口如图 2-11 所示，垫板应与母材金属类型相同，垫板的厚度最小是 6 mm。使用垫板时可以使用较大的工作电流焊接全焊透焊缝，从而增加熔敷率，提高产能，且不易烧穿。通常用角焊缝将垫板焊接到焊件母材上，这种方法的主要缺点是它的抗疲劳性差，可能在母材和垫板之间形成缝隙腐蚀。缝隙腐蚀在焊接的根部形成，而且很难通过无损检测发现，因为在这种情况下坡口设计通常没有钝边。

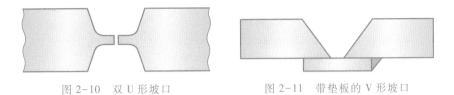

图 2-10 双 U 形坡口   图 2-11 带垫板的 V 形坡口

图 2-12 所示为单边钝口。所有这些坡口（单/双面和单/双面 J 形）也可以用于 T 形接头。在加工厚板时，推荐使用双面坡口加工。这些坡口加工的主要优势是，只需要准备一个焊接面，可以允许出现小的偏差，降低成本。

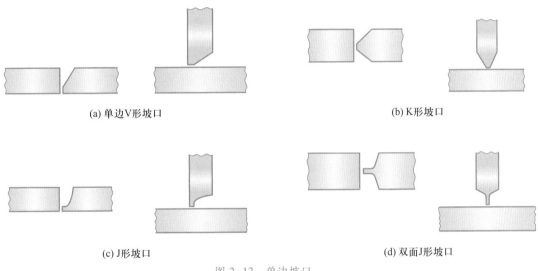

(a) 单边 V 形坡口   (b) K 形坡口

(c) J 形坡口   (d) 双面 J 形坡口

图 2-12 单边坡口

2.2.4 对接焊缝的尺寸

全熔透对接焊缝如图 2-13 所示。部分熔透对接焊缝如图 2-14 所示。通常，焊缝实际厚度等于焊缝设计厚度和焊缝余高相加。

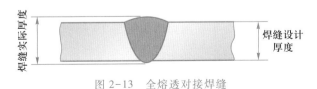

图 2-13 全熔透对接焊缝

表面平齐的全熔透对接焊缝如图 2-15 所示。不等厚对接焊缝如图 2-16 所示。

焊层：多层焊时的每一个分层，由一条焊道或几条并排搭接的焊道组成。

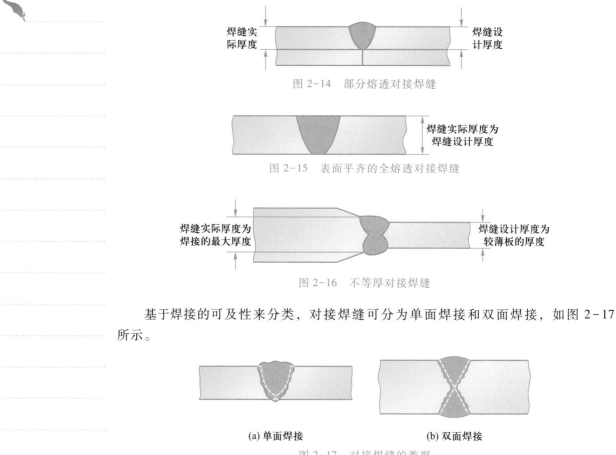

图 2-14 部分熔透对接焊缝

图 2-15 表面平齐的全熔透对接焊缝

图 2-16 不等厚对接焊缝

基于焊接的可及性来分类，对接焊缝可分为单面焊接和双面焊接，如图 2-17 所示。

(a) 单面焊接   (b) 双面焊接

图 2-17 对接焊缝的类型

2.2.5 角焊缝的尺寸

和对接焊缝、点焊不同，角焊缝的尺寸和对接焊缝不同。角焊缝可以使用以下几个尺寸（如图 2-18 所示）来定义。

实际焊喉厚度：与连接外部焊趾的直线平行的沿焊缝表面切线方向的直线和经过最大熔深点的直线之间的垂直距离。

设计焊喉厚度用于设计的最小焊喉厚度，又称为有效焊喉厚度，通常在设计图纸中用 a 表示。

焊脚长度：从实际或者投影的熔合面到焊趾之间沿熔合画所测量的距离，在设计图纸中通常用 z 表示。

平面角焊缝如图 2-19 所示，平面角焊缝的焊脚尺寸在约定的公差范围内是相等的。这种焊缝类型的横截面被视为等腰直角三角形，设计焊喉厚度和焊脚尺寸之间的关系是 $a=0.707z$ 或 $z=1.41a$。

凸面角焊缝：如图 2-20 所示，焊接面凸出的角焊缝。上面的焊脚长度和设计焊喉厚度之间的关系也适用

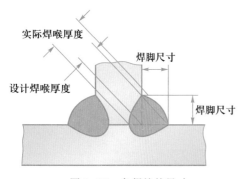

图 2-18 角焊缝的尺寸

于这种焊缝。在这种情况下，焊缝金属凸出，实际焊喉厚度比设计焊喉厚度大。

凹面角焊缝：如图 2-21 所示，焊接表面呈凹形的角缝焊。上面的焊脚长度与设计焊喉厚度之间的关系不再适用于这种焊缝。另外，设计焊喉厚度与实际焊喉厚度相等。由于焊缝表面与周围母材之间的平滑弯曲，在焊趾的应力集中比前述凹面角焊缝类型要低。循环疲劳载荷条件下，焊缝的疲劳断裂危害最大。因此，设计成凹面角焊缝可有效提高焊接接头的抗疲劳性能。

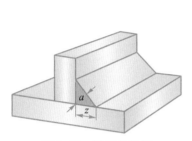
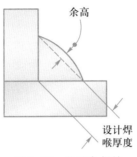
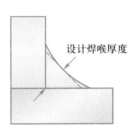

图 2-19　平面角焊缝　　　　图 2-20　凸面角焊缝　　　　图 2-21　凹面角焊缝

非对称角焊缝：如图 2-22 所示，垂直焊脚与横向焊脚不相等的角焊缝。由于横截面不再是等腰三角形，焊脚与设计焊喉厚度的关系不再适用。

大熔深角焊缝：如图 2-23 所示，比一般熔深大的角焊缝。焊接过程中采用高热输入（也就是带喷射过渡的埋弧焊或者熔化极氩弧焊）。这种类型的焊接利用电弧熔深更大的优点，可以获得需要的焊缝厚度，同时减少需要的熔敷金属的量，从而减少残余应力。为获得均匀的连续熔深，运行速度必须保持恒定。因此，这种类型的焊接通常使用机械或自动焊接。同样，高的深宽比增加了焊缝中心裂纹的风险。为了将这种焊接与先前的焊接区分开来，焊缝厚度用符号 s 而不是 a 来表示。

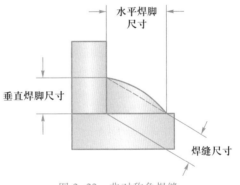

图 2-22　非对称角焊缝

对接、角接组合焊缝：如图 2-24 所示，通常用于全熔透的 T 形接头和不等厚板的对接。在坡口上添加焊缝金属，可改善焊缝表面到母材之间的过渡，降低在焊趾处的应力集中。

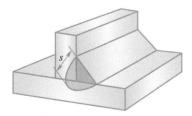
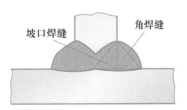

图 2-23　大熔深角焊缝　　　　图 2-24　双面坡口组合焊缝

2.2.6 焊接位置、焊缝倾角和转角

焊接位置由焊缝在空间的位置及工作方向确定。

焊缝倾角如图 2-25 所示,对于直焊缝,倾角为焊缝根部轴线与水平基准面正向 X 轴之间的夹角,按逆时针方向确定。

焊缝转角如图 2-26 所示,在焊缝横截面中心线和 Y 轴正方向或与 Y 轴平行的直线之间的夹角,转角方向按逆时针方向确定。

 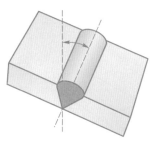

图 2-25 焊缝倾角   图 2-26 焊缝转角

常见的焊接位置及其定义见表 2-3。图 2-27 所示为焊接位置的容差。

表 2-3 常见的焊接位置及其定义

焊接位置	略图	定义及代号	是否用于机器人焊接
平焊		水平施焊,焊缝中心线在垂直方向,PA	常用
平角焊（横立）		水平施焊（用于角焊缝）朝向盖面的盖面层,PB	常用
横焊		水平施焊,和焊缝的中心线平行,PC	很少

续表

焊接位置	略图	定义及代号	是否用于机器人焊接
向上立焊		垂直向上施焊，PF	很少
向下立焊		垂直向下施焊，PG	很少
仰焊		水平施焊，仰焊，立焊缝中心线，PE	无
仰角焊（横焊）		水平施焊，仰焊，朝向底部的盖面层，用于角焊缝，PD	无

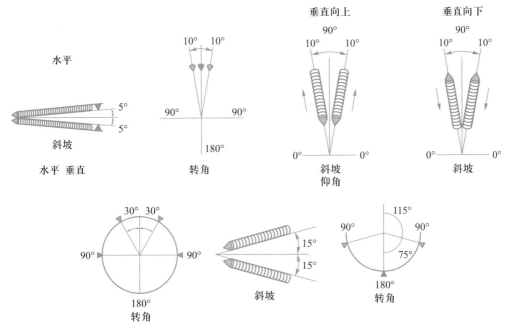

图 2-27　焊接位置的容差

任务实施

2.2.7 焊接手法

直道焊：采用很少摆动或无摆动完成的焊缝，如图 2-28 所示。机器人焊接主要用这种类型。

摆动焊：如图 2-29 所示，在焊缝金属熔敷时，电焊条或喷嘴横向摆动。这种方法通常用于立向上焊接。机器人焊接时用于较宽焊缝的焊接和角焊缝的焊接。

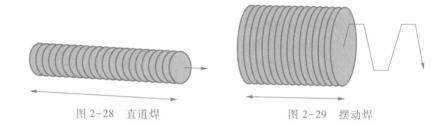

图 2-28 直道焊   图 2-29 摆动焊

任务 3   焊接安全生产

任务分析

课件
焊接安全生产

在任何焊接操作中，不管是在室内还是室外，工作的安全性都是应该考虑的重要因素。每个人都要有安全责任意识，不仅为了自己的安全，也为了他人的安全。焊接操作员要在焊接前对焊接设备进行安全检查，获得风险评估/工作要求许可。

焊接操作员在检测时可以参考一系列的文件：

① 政府法规——健康与安全生产法；

② 健康和安全执行委员会——COSHH（健康有害物质控制条例）、法定文书；

③ 作业指导书或工地指令——作业许可、风险评估文件等；

④ 地方当局要求。

焊接操作员/检验员需要从以下四方面考虑电弧焊的安全性：

① 触电；

② 灼伤和弧光辐射；

③ 焊接烟尘和有害气体；

④ 噪声。

相关知识

2.3.1 触电

触电危险是焊接过程中焊接作业人员面临的严重危害之一。触电或者触电后的跌倒等反应以及与炙热金属接触时会导致灼伤或死亡。

电弧焊中触电的危害可划分为两大类：

① 初级电压触电，230 V 或 460 V；

② 次级电压触电，60～100 V。

图片
焊接事故

初级电压触电危害极大，因为它的电压比焊接设备的次级触电的电压高很多。初级电压触电（输入）常发生在开启焊接设备时，焊工接触到设备的内部导线或者焊接设备运行时，身体或手可能接触到通电的焊接设备或其他接地金属件。与断路器相连的漏电保护装置（RCDs）可以有效地帮助焊工和其他人员避免初级触电的危害。

次级电压触电是由于身体的某个部位触及电路的带电部分（可能是焊接电缆的损坏部位），身体的另一部分同时触及焊接电路的两端（电极和工件，或设备接地端）。

绝大多数焊接设备的空载电压不会超过 100 V。即使这样，触电的伤害也会很严重，因此焊接电路应安装低压安全保护装置，以减少次级触电的可能性。

正确安全的焊接电路应包含 3 根导线：

① 焊接电缆，从电源终端到电焊钳或焊炬；

② 焊接电缆的返回线，从工件到电源的另一终端；

③ 保护地线，从工件到接地点，弧焊电源也应该接地。

3 根导线都应该足以承载焊接所需要的最大电流。

为了确保作业中载流设备的任何部件都具备相应能力，检验员可参考设备负载持续率。

所有焊接设备的载流能力可以通过负载持续率评级。

负载持续率所有载流导体在焊接电流流过时都会发热。负载持续率表示焊接设备的负载能力，即负载持续率用焊接时间与总时间的比值来衡量，可以表示为

$$负载持续率 = (焊接时间 \div 总时间) \times 100\%$$

按照负载持续率工作，载流设备的温度就不会被加热到允许值以上。负载持续率是基于 10 min 的时间来确定的。

例如，某电源额定输出电流为 350 A，其负载持续率是 60%。则表示这种电源每 10 min 中有 6 min 可以输出 350 A 的电流（额定输出），并且不会导致焊机过热。

图片
电弧

如果不遵守设备零件的负载持续率，可能会超过零件的负荷能力，引起焊接设备过热，导致设备性能不稳定和触电危险。

2.3.2　灼伤和弧光辐射

1. 灼伤

在电弧焊中，电能转化为热能和光能，这两者对健康都有极大的危害。

微课
焊接电弧是怎样产生的

焊接电弧产生的火花，可能引燃焊接区域附近的易燃材料造成火灾，所以必须把焊接区域的所有易燃材料清理干净。一旦引起火灾，检验员应该知道最近的灭火器在什么地方，应选择和使用正确的灭火器类型，这是检验员应该具备的基本常识。

焊接火花可能严重灼伤人体，因此在焊接作业时，焊接人员都应该穿戴防护用品，如绝缘手套、阻燃工作服和绝缘鞋，以避免灼伤。

图片
CO₂ 焊接

2. 弧光辐射

焊接电弧的弧光辐射包括 3 种形式：红外线（热），波长大于 700 nm；可见光，波长 400~700 nm；紫外线，波长小于 400 nm。

紫外线辐射（UV）：所有弧焊过程都会产生紫外线。期暴露在紫外线下可导致皮肤炎症，甚至引发皮肤癌或永久性视力伤害。总体来说，对于焊工和检验员，紫外线主要的危害是引起眼角膜和结膜的炎症，称为电光性眼炎或"打眼"。

紫外线会导致电光性眼炎。它损伤了眼角膜，受损细胞逐渐死亡并脱离角膜，内层角膜的高度敏感神经就会暴露在粗糙的眼睑内部。症状是眼睛剧烈疼痛，通常称为"沙眼"。如果暴露在强光下，这种疼痛会更加剧烈。

电光性眼炎通常在照射数小时后发觉，开始可能不被注意。"好像有沙子在眼中"和疼痛的症状通常持续 12~24 h，严重的情况下会持续更长时间。通常情况下，电光性眼炎通常是暂时性的。但是在长时间并且多次暴露的情况下，会导致永久性损伤。

电光性眼炎的治疗很简单，在黑暗的屋子里休息。医疗人员或医院急症室应能提供舒缓的眼药水，这些药水可暂时减轻症状。但是预防胜于治疗，戴防护眼镜和防护罩将大大减少这种风险。

紫外线对皮肤的影响：焊接电弧的紫外线不会像日晒一样产生褐斑，但是会在短时间内让受到刺激的皮肤表面变红。严重情况下，皮肤会被严重灼伤并形成水泡。发红的皮肤可能会坏死，一天左右后会呈片状脱落。如果长期或经常暴露在强紫外线下，会引发皮肤癌。

可见光：强烈的可见光，非常接近紫外线或"蓝光"的波长，通过眼角膜和晶状体时会有耀眼炫目的感觉，在严重的情况下，会损伤视网膜上光敏感神经网络。接近红外线波长的可见光的影响略微不同，但会产生相同的症状。其影响的大小取决于暴露的时间和可见光的强度，有时也取决于个人排除强光入射的能力和自然反应。通常这种耀眼不会导致长期不良影响。

红外线：红外线辐射的波长比可见光大，对人体的危害主要是引起组织的热作用。眼部受到强烈红外线辐射时，立即感到强烈的灼伤和灼痛，发生闪光幻觉，长期接触可能造成红外线白内障，视力减退，严重时能导致失明。不过，焊接电弧释放的红外线辐射造成的危害仅限于离电弧相当近的范围内。当眼部皮肤暴露在电弧热下时，立即会有一种灼热感，人的自然反应是立即躲开或者遮掩起来，避免皮肤过热，这样也减少了眼睛在红外线辐射下的暴露时间。

标准 BS EN 169 详细给出了一系列具有递进光学密度的滤光片的说明，佩戴它们就可控制在不同焊接方法、不同焊接电流下的辐照程度。必须指出的是，该标准中滤光片的号码和相应的电流范围只供参考。

2.3.3   焊接烟尘和有害气体

1. 焊接烟尘

因为烟尘的浓度及成分取决于焊接方法和焊接规范（比如焊接工艺参数和焊条种类、母材、母材表面情况和空气中的其他杂质），这里对焊接烟尘的危害只作一般性的描述。由于烟尘成分和个人反应不同，导致的健康问题也各种各样，但是下列影响对于绝大多数焊接烟尘都适用。

烟尘源于包括焊条、母材、母材表面涂层在内的各种固体颗粒。对工人的影响程度取决于暴露在这些烟尘中的时间长短，绝大多数急性炎症都是暂时的，包括眼睛和皮肤灼伤、头晕、恶心和发烧等症状。例如，锌烟尘可导致金属烟雾病，临时病症与流感相似。长期暴露在铬烟尘中可导致尘肺（肺部金属沉积），可能影响肺功能。

镉的毒性和危险性更大。这种有毒金属可能出现在钢材涂层中或混入金属银。即使短时间接触镉的烟雾，其危害也可能是致命的，症状很像金属烟热病，但这两者的危害程度相关很大。有镉时焊接 20 分钟就有危害，1 小时内可能出现症状，5 天后可能有生命危险。

2. 有害气体

电弧焊接过程中产生的气体也可能有一定的危害。绝大多数保护气体（氩气、氦气和二氧化碳）是无害的。但是，当释放的这些气体代替空气中的氧气被吸入，会导致晕眩、意识模糊和因长期缺氧脑部死亡。

一些除油物质，比如三氯乙烯、四氯乙烯，在高温和紫外线辐射下，可分解产生有毒气体。紫外线辐射射入大气层中会产生臭氧和氮氧化物，这些气体会引起工人头痛、胸痛、眼炎、鼻喉痒。

为了减少焊接烟尘和有害气体的危害，工作人员的头部要在焊接烟尘之外。原因很明显，所有病症产生的一个共同原因是在烟尘和气体中过度暴露，而烟尘中有害粉尘和气体的浓度最大。另外，可在电弧上部加机械通风或局部排风设备把烟尘和气体从焊接区吸走。如果这样效果还不够，使用固定或移动式的通风柜，将烟尘抽离焊接区。最后，如果通风设备不能够提供最有效的保护，则需要戴上合格的防尘面罩。

基本原则是，如果空气非常清新，焊工也觉得舒适，那么通风设备就可能足够了。为了确定有害物质成分，应首先阅读耗材安全数据表，看产品的使用中会出现何种烟尘。健康安全管理规定（COSHH）中定义了职业暴露限值（OEL），给出了一个健康的成人可暴露在所有物质中的最大浓度。

了解母材，看镀层或药皮是否会产生有毒烟尘或气体。尤其在封闭的空间焊接时，应特别关注窒息性气体。进行风险评估、作业许可条件和气体测试是确保所有工作人员安全的一些必要措施。

2.3.4 噪声

暴露在强烈噪声下会对听力造成永久性损伤。噪声也会导致压力增大、血压升高。长时间工作在嘈杂的环境中会出现疲乏、紧张和易怒等症状。如果在 85 dB 以上的噪声下暴露超过 8 h，应佩戴听力保护装置，并进行年度听力测试。

通常的焊接作业不会有噪声问题，但两种焊接作业除外：等离子弧焊接和碳弧气刨切割。进行两者中的任何一种操作，必须佩戴听力保护装置。焊接中的噪声通常是由于一些辅助操作作业产生的，如切削、磨削、锤击。当有这些作业在附近或直接从事这些操作时，必须进行听力保护。

任务实施

2.3.5　风险管理

减少焊接相关风险的最好方式是实施风险管理。风险管理是发现隐患、评估风险、实施合适控制，将风险降低到可接受程度的一种管理方式。

评估和审查风险管理项目是非常必要的。评估内容包括确保控制措施能消除或降低风险，审查的目的是检查、确定评估流程能否有效发现隐患和管理风险。

监督员、焊接检验员极有可能参与到与焊接相关的风险管理中，这是他们职责的一部分。

总　　结

本项目作为机器人焊接应用的必备基础知识，详细介绍焊接基本概念和焊接生产安全。焊接是国家规定的特种作业类型，无论是从事手工焊接还是机器人焊接，都必须事先取得相关资质认证。各行各业从业人员在进行工作之前，都必须对所从事行业可能存在的危险有清晰的认识，人身安全和生产安全是从事生产的前提条件，不允许任何疏忽。

习　　题

1. 画出一个单面 U 形坡口对接接头并标注出以下部位：钝边；根部间隙；坡口角度；根部半径。

2. 画出一个大熔深 T 形接头角焊缝并标注出以下部位：焊脚尺寸；设计焊喉；焊根；焊趾。

3. 写出图 2-30 中标出部位的名称。

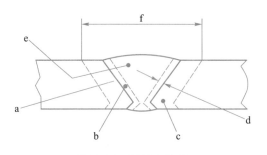

图 2-30　习题 3 的图

4. 除对接接头外，画出其他 3 种接头类型。

5. 焊工如何防止受到紫外线辐射的危害？

6. 将眼睛长期暴露在什么环境中可导致剧烈疼痛?

7. 为预防电击，一个正确的焊接电路应包括哪 3 根导线?

8. 在焊接电弧的高温作用下会产生大量烟尘，焊工应采取哪些措施来此止烟尘的危害?

9. 当焊接储存油的设备时，应采取哪些特殊措施，为什么?

习题答案

项目 2

项目 **3**

ABB 机器人基本操作

工业生产中广泛应用的多关节机器人的运动执行部件按照预定的轨迹运动，这就需要对机器人进行"示教"。如何"示教"呢？本项目从最简单的机器人开关机，到机器人简单编程，完成一个最简单的机器人"示教"过程。

学习目标

知识目标
- 学习 ABB 机器人基本安全守则。
- 掌握三种坐标系的使用特点。
- 掌握工业机器人工具坐标系的测量方法及优势。
- 了解 ABB 机器人需要校准的原因。
- 掌握 ABB 机器人简单示教编程。

技能目标
- 掌握 ABB 机器人示教器的基本操作。
- 掌握 ABB 机器人三个关键程序数据的设定。
- 掌握 ABB 机器人简单示教编程。
- 掌握 ABB 机器人的校准方法。

技 能 树

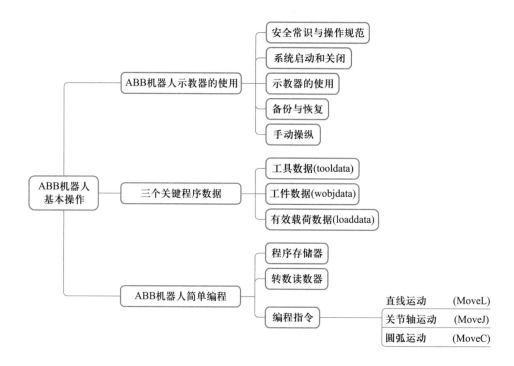

任务 1　ABB 机器人示教器的使用

任务分析

　　示教器是进行机器人手动操纵、程序编写、参数配置以及监控用的手持装置，是最主要的机器人控制装置。

课件
ABB 机器人示教器的使用

　　ABB 机器人示教器的操作并不困难，但是要注意遵守操作规范，形成良好的使用习惯，爱护设备，注意安全。

相关知识

3.1.1　安全常识与操作规范

　　了解工业机器人安全常识与操作规范是避免工作人员和设备受到伤害的重要保障，是操作人员、维护人员必须掌握的知识。

微课
工业机器人安全常识与操作规范

　　1. 安全注意事项（表 3-1）

表 3-1　安全注意事项

序号	图标	含义	说明
1	⚡ xx0200000024	关闭总电源	在进行机器人的安装、维修和保养时切记要将总电源关闭；带电作业可能会产生致命的后果；如果人不慎遭到高压电击，可能会导致心跳停止、烧伤或者其他严重的伤害
2	⚠ xx0100000002	与机器人保持足够安全距离	在调试与运行机器人时，它可能会执行一些意外的或不规范的运动；机器人运动部分质量很大，运动时会有很大的惯性，从而可能严重伤害到人员或者损坏机器人工作范围内的任何设备；应时刻警惕与机器人保持足够的安全距离
3	xx0120000123	静电放电危险	ESD（静电放电）是电势不同的两个物体间的电荷传导的现象；它可以通过直接接触传导，也可以通过感应电场传导。搬运部件或部件容器时，未接地的人员可能会传导大量的静电荷；这一放电过程可能会损坏敏感的电子设备；所以在有此标识的情况下，要做好静电放电的防护

续表

序号	图标	含义	说明
4	⚠ xx020000002 （红色）	紧急停止	紧急停止优先于任何其他机器人控制操作，它会断开机器人电动机的驱动电源，停止所有运转部件，并切断由机器人系统控制且存在潜在危险的功能部件的电源； 出现下列情况时立即按下任意紧急停止按钮：机器人运行中，工作区域内有工作人员；机器人伤害了工作人员或损坏了机器设备
5	⚠ xx010000002 （黄色）	灭火	发生火灾时，确保全体人员安全撤离后再行灭火；应首先处理受伤人员。当电气设备（如机器人控制柜）起火时，使用 CO_2 灭火器；切勿使用水或泡沫灭火器

2. 工作中的安全操作规范

机器人的速度即使在很慢的时候，由于质量大，惯性很大，受到撞击时会产生很大的力，可能会给周围的人员或设备造成巨大的伤害。

机器人在运动中或者停止状态下都会产生危险。即使可以预测运动轨迹，但外部信号有可能会改变机器人运动的轨迹，会在没有任何警告的情况下，产生预想不到的运动。因此，进行操作时，务必遵守以下安全条例。

① 如果保护空间内有工作人员，只能手动操作机器人系统。

② 当进入保护空间时，准备好示教器，以便随时控制机器人。

③ 注意旋转或运动的工具，如切削工具和打磨工具。在对这些工具进行检修前，应确保电源及开关均关闭，防止意外开机。

④ 注意工件和机器人系统的高温表面。机器人电动机长期运转后温度很高。

⑤ 注意夹具并确保夹好工件。如果夹具打开，工件会脱落并导致人员伤害或设备损坏。夹具具有一定的夹紧力，如果不按照正确方法操作，也可能导致人员伤害。

⑥ 注意液压、气压系统以及带电部件。即使断电，这些电路上的残余电荷也非常危险。

3. 示教器的安全操作规范

示教器是一种高质量的手持终端，它配备了高度灵敏的电子设备。为避免操作不当引起的故障或损害，在操作时遵循以下说明。

① 小心操作，不要摔打、抛掷或重击示教器。这样会导致破损或故障。在不使用示教器时，将它挂到专门存放它的支架上，以防意外掉到地上。

② 示教器的使用和存放应避免被人踩踏线缆。

③ 切勿使用锋利的物体操作触摸屏。不规范的操作可能会使触摸屏受损。应用

手指或触摸笔去操作示教器触摸屏。

④ 定期清洁触摸屏。灰尘和小颗粒可能会挡住屏幕，造成故障。

⑤ 切勿使用溶剂、洗涤剂或海绵清洁示教器。使用软布蘸少量水或中性清洁剂清洁。

⑥ 没有连接 USB 设备时务必盖上 USB 端口的保护盖。如果端口暴露在灰尘中，可能会导致示教器通信中断或发生故障。

4. 手动模式下的安全操作规范

在手动减速模式下，机器人只能减速（250 mm/s 或更慢）操作（移动）。只要有人在安全保护空间之内工作，就应始终以手动速度进行操作。

手动全速模式下，机器人以程序预设速度移动。手动全速模式应仅用于所有人员都位于安全保护空间之外时，而且操作人员必须经过特殊训练，熟知潜在危险。

5. 自动模式下的安全操作规范

自动模式用于在生产中运行机器人程序。在自动模式操作情况下，常规模式停止（GS）机制、自动模式停止（AS）机制和上级停止（SS）机制都将处于活动状态。

任务实施

3.1.2　系统启动和关闭

1. 机器人系统的启动

在确认机器人工作范围内无人后，打开机器人控制柜上的电源主开关，系统自动检查硬件。检查完成后如果没有发现故障，示教器将显示如图 3-1 所示的界面信息。

图 3-1　ABB 机器人启动界面

2. 机器人系统的关闭

在关闭机器人系统之前，首先要检查是否有人处于工作区域内，以及设备是否运行，以免发生意外。如果有程序正在运行或者手爪握有工件，则要先使程序停止运行并使手爪释放工件，然后再关闭机器人系统。

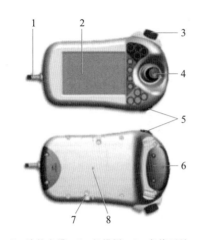

1—连接电缆；2—触摸屏；3—急停开关；
4—手动操纵杆；5—数据备份用USB接口；
6—使能器按钮；7—示教器复位按钮；8—触摸屏用笔

图 3-2   示教器的面板和按钮

关闭机器人系统时依次单击"ABB""重新启动""关机""确认"按钮，等到示教器显示白屏时，关闭控制柜上的主电源开关即可。

关机后重新启动需要等待 2 min。

3.1.3   示教器的使用

示教器的面板和按钮如图 3-2 所示。

手持示教器的姿势如图 3-3 和图 3-4 所示。

操纵杆的操纵幅度与机器人的运动速度直接相关，操纵幅度小则运动速度慢，操纵幅度大则运动速度快。练习时要尽量小幅度操纵机器人慢慢运动。

3.1.4   备份与恢复

定期对 ABB 机器人的数据进行备份，是保证 ABB 机器人正常工作的良好习惯。

ABB 机器人示教器的基本操作

图 3-3   左手握持示教器的姿势

图 3-4   右手握持示教器的姿势

ABB 机器人系统的备份与恢复

ABB 机器人数据备份的对象是所有正在系统中运行的 RAPID 程序和系统参数。当机器人系统出现错乱或者重新安装系统后，可以通过备份数据快速地把机器人恢复到备份时的状态。

1. 对 ABB 机器人数据进行备份操作

① 选择"Backup and Restore"命令，如图 3-5 所示，备份与恢复。

② 选择"Backup and System"命令，如图 3-6 所示，备份当前系统。

③ 单击"ABC…"按钮，如图 3-7 所示，设定存放备份数据的目录名称。

④ 单击"…"按钮，选择存放备份文件的位置，如图 3-8 所示。

⑤ 单击"Backup"按钮，如图 3-9 所示，开始备份。

2. 对 ABB 机器人数据进行恢复操作

① 再次选择"Backup and Restore"命令，如图 3-5 所示。

② 单击"Restore System"按钮，如图 3-10 所示，进行恢复系统的操作。

图 3-5　选择 "Backup and Restore" 命令

图 3-6　选择 "Backup and System" 命令

图 3-7　设定存放备份数据的目录名称

图 3-8　选择存放备份文件的位置

图 3-9　开始备份

图 3-10　恢复系统

③ 单击 "…" 按钮，如图 3-11 所示。

④ 选择存储备份文件的文件夹，单击 "确定" 按钮，如图 3-12 所示。

⑤ 单击 "恢复" 按钮，如图 3-13 所示。

⑥ 单击 "是" 按钮，如图 3-14 所示。

图 3-11   选择存放备份文件的位置　　　　　　　图 3-12   选择备份文件

图 3-13   单击"恢复"按钮

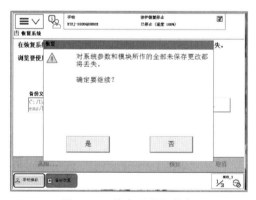

图 3-14   单击"是"按钮

提示

恢复系统后，对系统参数和模块未保存的更改都将丢失。

3.1.5　手动操纵

手动操纵机器人一共有 3 种运动模式：单轴运动、线性运动和重定位运动。

1. 单轴运动

ABB 机器人一般由 6 台伺服电动机分别驱动 6 个关节轴，每次手动操纵一个关节轴的运动，称为单轴运动。ABB 机器人的 6 个轴如图 3-15 所示。

首先将控制柜上控制模式钥匙旋钮转到"手动限速"模式。然后打开示教器控制面板，单击"ABB"按钮，在示教器主界面中选择"手动操纵"命令，如图 3-16 所示。

微课
单轴运动

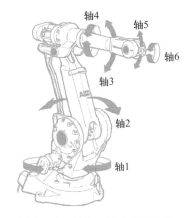

图 3-15　ABB 机器人的 6 个轴

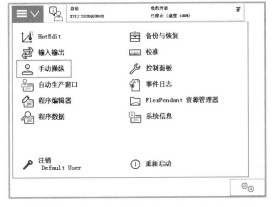

图 3-16　选择"手动操纵"命令

选择"动作模式"命令，如图 3-17 所示。

选中"轴 1-3"，然后单击"确定"按钮，就可以通过操纵杆操纵 1-3 轴，如图 3-18 所示。如果选中"轴 4-6"，就可以通过操纵杆操纵 4-6 轴。

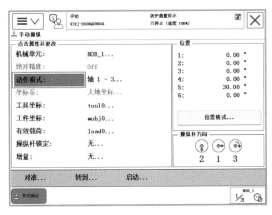
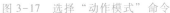

图 3-17　选择"动作模式"命令

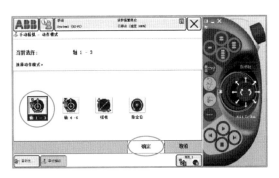

图 3-18　选择"轴 1-3"

2. 线性运动

机器人的线性运动是指安装在机器人第 6 轴法兰盘上的工具 TCP 在空间中做线性运动。机器人有一个默认的工具中心点，它位于机器人安装法兰的中心，如图 3-19 所示，TCP 是工具中心点（tool center point）的简称。

微课
线性运动

在手动操纵机器人进行线性运动之前，首先将控制柜上控制模式钥匙旋钮旋到"手动限速"模式。然后在"工具坐标"中指定对应的工具，操作方法为单击图 3-17 中"工具坐标"，选择相应的工具坐标，默认工具坐标为"tool0"。"tool0"工具坐标指机器人安装法兰的中心。最后返回示教器控制面板，选择"ABB"→"手动操纵"→"动作模式"→"线性"命令，单击"确定"按钮，即可通过操纵示教器上控制杆操纵机器人进行线性运动。

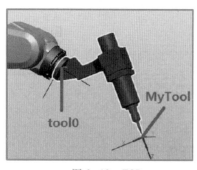

图 3-19　TCP

微课
重定位运动

微课
手动操纵的快捷
方式

初学者由于对机器人的速度不熟练，建议用"增量"模式来控制机器人。在增量模式下，操纵杆每位移一次机器人就移动一步。如果操纵杆持续一秒或数秒，机器人就会持续移动（速率为 10 步/s）。

3. 重定位运动

机器人的重定位运动是指机器人第 6 轴法兰盘上的 TCP 在空间中绕着工具坐标系旋转的运动，也可理解为机器人绕着 TCP 做姿态调整的运动。

在手动操纵机器人进行重定位运动之前，首先将控制柜上控制模式钥匙旋钮旋到"手动限速"模式。然后在"工具坐标"中指定对应的工具，操作方法为单击图 3-17 中的"工具坐标"命令，确定所选工具为"Mytool"。最后返回示教器控制面板，选择"ABB"→"手动操纵"→"动作模式"→"重定位"命令，单击"确定"按钮，即可通过操纵示教器上的控制杆来操纵机器人，进行重定位运动。

如果对使用操纵杆通过位移幅度来控制机器人的速度不够熟练的话，建议用"增量"模式来控制机器人。在增量模式下，操纵杆每位移一次机器人就移动一步。如果操纵杆持续一秒或数秒钟，机器人就会持续移动（速率为 10 步/s）。

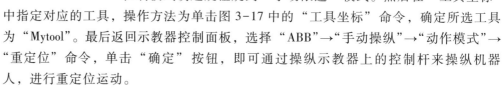

任务 2　三个关键程序数据

任务分析

微课
搬运用工具的工具
数据设定

在进行正式的编程之前，就需要构建起必要的编程环境，其中三个关键的程序数据，即工具数据（tooldata）、工件数据（wobjdata）、负荷数据（loaddata），必须在编程之前定义。

任务实施

3.2.1　工具数据（tooldata）

工具数据（tooldata）用于描述安装在机器人第 6 轴上的工具的 TCP、质量、重心等参数数据。一般不同的机器人应用配置不同的工具，例如弧焊的机器人就使用弧焊枪作为工具，而用于搬运板材的机器人就会使用吸盘式的夹具作为工具。

默认工具（tool0）的工具中心点（tool center point，TCP）位于机器人安装法兰盘的中心。图 3-20 中 A 点就是原始 TCP。

TCP 的设定原理如下：

① 首先在机器人工作范围内找一个非常精确的固定点作为参考点；

② 然后在工具上确定一个参考点（最好是工具的中心点），如焊丝尖端；

③ 用之前介绍的手动操纵机器人的方法，去移动工具上的参考点，以 4 种以上

不同的机器人姿态尽可能与固定点刚好碰上。为了获得更准确的 TCP，在以下例子中使用六点法进行操作，第 4 点是用工具的参考点垂直于固定点，第 5 点是工具参考点从固定点向将要设定为 TCP 的 X 轴方向移动，第 6 点是工具参考点从固定点向将要设定为 TCP 的 Z 轴方向移动；

图 3-20　原始 TCP 点

④ 机器人通过这 4 个位置点的位置数据计算求得 TCP 的数据，然后 TCP 的数据就保存在 tooldata 这个程序数据中，被程序调用。

执行程序时，机器人将 TCP 移至编程位置。这意味着，如果要更改工具以及工具坐标系，机器人的移动将随之更改，以便新的 TCP 到达目标。所有机器人在手腕处都有一个预定义工具坐标系，该坐标系被称为 tool0。这样就能将一个或多个新工具坐标系定义为 tool0 的偏移值。

TCP 取点数量的区别：4 点法不改变 tool0 的坐标方向；5 点法改变 tool0 的 Z 轴方向；6 点法改变 tool0 的 X 轴和 Z 轴方向（在焊接应用最为常用）。前 3 个点的姿态相差尽量大些，这样有利于 TCP 精度的提高。

1. 对 ABB 机器人数据进行工具坐标系设置

① 在 ABB 菜单中，选择"手动操纵"命令，如图 3-21 所示，弹出"手动操纵"管理窗口，如图 3-22 所示，选择"工具坐标"命令，弹出如图 3-23 所示窗口。

图 3-21　ABB 菜单

图 3-22　手动操纵命令

② 单击"新建"按钮，弹出图 3-24 所示工具数据属性窗口。对工具数据属性进行设置后，单击"确定"按钮。

图 3-23　单击"新建"按钮　　　　图 3-24　工具数据属性窗口

③ 选中 tool1 后，选择"编辑"菜单中的"定义"命令，如图 3-25 所示。

④ 选择"TCP 和 Z，X"，使用 6 点法设置 TCP，如图 3-26 所示。

图 3-25 "编辑"菜单   图 3-26 选择"TCP 和 Z，X"命令

⑤ 选择合适的手动操纵模式，按下使能键，使用摇杆使工具参考点靠上固定点，如图 3-27 所示，作为第一个点。单击"修改位置"按钮，如图 3-28 所示，将点 1 位置记录下来。

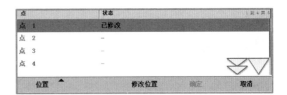

图 3-27 第 1 固定点   图 3-28 修改点 1 位置

然后，工具参考点变换姿态靠上固定点，如图 3-29 所示，单击"修改位置"，将点 2 位置记录下来如图 3-30 所示；工具参考点变换姿态靠上固定点，如图 3-31 所示，单击"修改位置"，将点 3 位置记录下来，如图 3-32 所示；工具参考点变换姿态靠上固定点，如图 3-33 所示，此时工具参考点垂直于固定点，单击"修改位置"，将点 4 位置记录下来，如图 3-34 所示。

图 3-29 第 2 固定点   图 3-30 修改点 2 位置

图 3-31 第 3 固定点

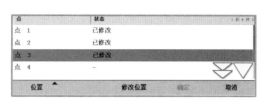

图 3-32 修改点 3 位置

图 3-33 第 4 固定点

图 3-34 修改点 4 位置

⑥ 工具参考点以点 4 的姿态从固定点移动到 TCP 的 X 轴向，如图 3-35 所示，单击"修改位置"按钮，将延伸器点 X 轴向位置记录下来，如图 3-36 所示。

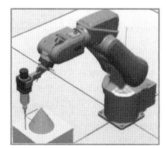

图 3-35 TCP 的 X 轴向

图 3-36 修改延伸器点 X 轴向位置

⑦ 工具参考点以此姿态从固定点移动到 TCP 的 Z 轴向，如图 3-37 所示，单击"修改位置"按钮，将延伸器点 Z 轴向位置记录下来，如图 3-38 所示。

图 3-37 TCP 的 Z 轴向

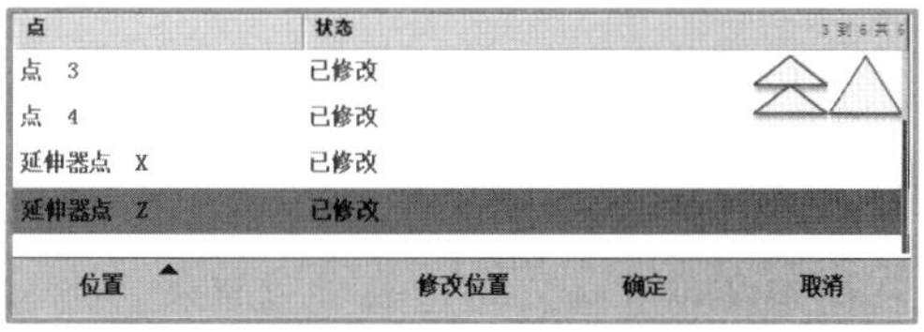

图 3-38 修改延伸器点 Z 轴向位置

⑧ 单击"确定"按钮，完成设置。

2. 对 ABB 机器人工具坐标系的修改

坐标系设定后需要对误差进行确认。误差越小越好，但也要以实际验证效果为准，操作步骤：完成坐标的设定后，误差显示如图 3-39 所示。如果不理想，进行修改。操作方法如图 3-40 至图 3-47 所示。

① 选择 tool1，然后打开"编辑"菜单，选择"更改值"命令，如图 3-40 所示。弹出修改数据窗口，如图 3-41 所示。在这个界面，根据实际情况设定工具的质量 mass（单位为 kg）和重心位置数据（此中心是基于 tool0 的偏移值，单位为 mm），然后单击"确定"按钮。

图 3-39　误差显示　　　图 3-40　"更改值"命令　　　图 3-41　修改 mass 数据

② 选中 tool1，如图 3-42 所示，单击"确定"按钮，弹出如图 3-43 所示"点击属性并更改"窗口。

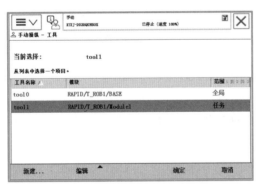 

图 3-42　选择 tool1　　　　　　　图 3-43　点击属性并更改

③ 动作模式选定为"重定位"，坐标系统选定为"工具"，工具坐标选定为"tool1"。

④ 使用摇杆将工具参考点靠上固定点，然后在重定位模式下手动操纵机器人。如果 TCP 设定精确的话，可以看到工具参考点与固定点始终保持接触，如图 3-44 所示，而机器人会根据重定位操作改变姿态。

图 3-44　检验图

⑤ 如果使用搬运夹具，一般工具数据的设定方法如下。

图 3-45 所示为搬运薄板的真空吸盘夹具，质量是 25 kg，重心在默认 tool0 的 Z 轴的正方向偏移 250 mm，TCP 点设定在吸盘的接触面上，从默认 tool0 上的 Z 轴正方向偏移了 300 mm。

新建机器人的工具坐标，设置 TCP，即调出图 3-46 所示"frame"参数，步骤如下：在"手动操纵"界面选择"工具坐标"命令；

单击"新建"按钮；

根据需要设置数据，一般不用修改；

单击"初始值"按钮。

TCP 设定在吸盘的接触面上，从默认 tool0 上的 Z 轴正方向偏移了 300 mm，因而修改"frame"参数列表中的"z"为 300mm。

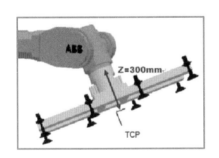

图 3-45　吸盘夹具安装图

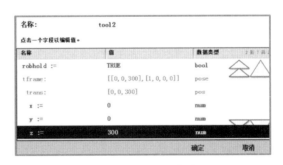

图 3-46　Z 轴方向值修改

此工具质量是 25 kg，重心在默认 tool0 的 Z 轴的正方向偏移 250 mm，在图 3-47 中"mass"参数列表中设置对应的数值，即"z＝250mm"，然后单击"确定"按钮，如图 3-47 所示。

3.2.2　工件数据（wobjdata）

工件数据（wobjdata）用来定义工件坐标系，也就是工件相对于大地坐标系（或其他坐标系）的位置。机器人可以拥有若干工件坐标系，表示不同工件或同一工件在不同位置的若干副本。

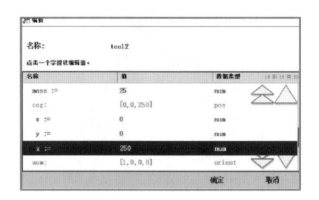

图 3-47　重心位置值修改

提示
A 是机器人的大地坐标，为了方便编程，给第一个工件建立了一个工件坐标 B，并在这个工件坐标 B 中进行轨迹编程，如图 3-48 所示。

如果还有一个一样的工件需要移动一样的轨迹，只需要建立一个工件坐标 C，将工件坐标 B 中的轨迹复制一份，然后将工件坐标从 B 更新为 C。不需要对一样的工件进行重复轨迹编程。

如果在工件坐标 B 中对 A 对象进行了轨迹编程，当工件坐标的位置变化成工件坐标 D 后，只需在机器人系统重新定义工件坐标 D，则机器人的轨迹就自动更新到 C 了，不需要再次轨迹编程。因 A 相对于 B，C 相对于 D 的关系一样，并没有因为整体偏移而发生变化。

在工件坐标系中对机器人编程，就是创建目标和路径。这会带来很多优点：一是重新定位工作站中的工件时，只需要更改工件坐标的位置，所有路径将即刻随之更新；二是允许操作以外轴或传送导轨移动的工件，因为整个工件可以连同它的路径一起移动。

提示
在对象的平面上，只需要定义 3 个点，就可以建立一个工件坐标。X1 点确定工件坐标的原点。X1、X2 点确定工件坐标 X 轴正方向 Y1 确定工件坐标 Y 轴正方向。工件坐标等符合右手定则，如图 3-49 所示。

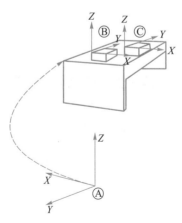

图 3-48　工件位置图

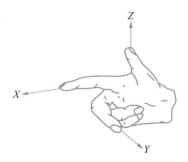

图 3-49　右手定则示意图

建立工件坐标系的操作步骤如图 3-50 至图 3-58 所示。

① 在手动操纵界面中选择"工件坐标"命令，单击"新建"按钮，接着对工件坐标系数据进行设置，然后单击"确定"按钮。

② 打开"编辑"菜单，选择"定义"命令。将用户方法设置为"3 点"，如图 3-50 所示。

③ 手动操纵机器人的工具参考点，靠近定义工件坐标的 X1 点，如图 3-51 所示，单击"修改位置"按钮，将 X1 点记录下来，如图 3-52 所示。

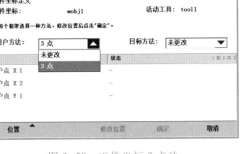

图 3-50 工件坐标 3 点法

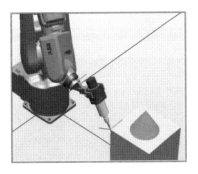

图 3-51 X1 点位置

④ 手动操纵机器人的工具参考点，靠近定义工件坐标的 X2 点，如图 3-53 所示，单击"修改位置"按钮，将 X2 点记录下来，如图 3-54 所示。

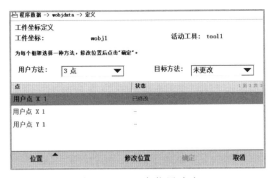

图 3-52 X1 点位置确定

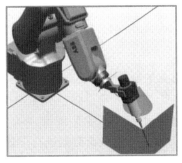

图 3-53 X2 点位置

⑤ 手动操作机器人的工具参考点，靠近定义工件坐标的 Y1 点，如图 3-55 所示，单击"修改位置"按钮，如图 3-56 所示，将 Y1 点记录下来。最后单击"确定"按钮。

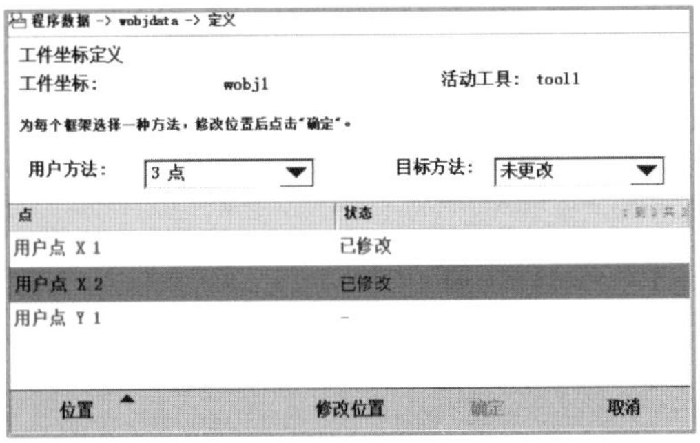

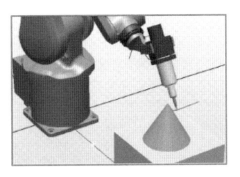

图 3-54 X2 点位置确定

图 3-55 Y1 点位置

⑥ 对自动生成的工件坐标系数据进行确认后，单击"确定"按钮，如图 3-57 所示。

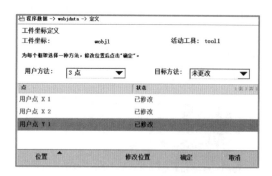

图 3-56 Y1 点位置确定

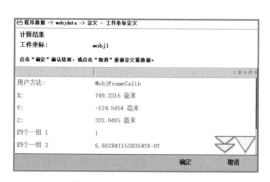

图 3-57 工件坐标系数据

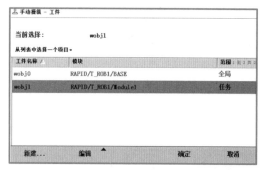

图 3-58 选中 "wobj1"

⑦ 选中 "wobj1" 后，单击 "确定" 按钮，如图 3-58 所示。

⑧ 设置手动操纵画面项目，使用线性动作模式，体验新建立的工件坐标系。

3.2.3 有效载荷数据（loaddata）

工业机器人的工具坐标系在有载荷时会偏移，因而需要设置载荷的质量、重心数据，即有效载荷数据（loaddata）。安装了焊枪的机器人的 loaddata 默认设置为 "tool0"。对于搬运机器人，必须正确设置它的搬运对象的质量、重心数据，并且在 RAPID 编程中实时地调整有效载荷数据。

① 在 "手动操纵" 界面选择 "有效载荷" 命令。

② 单击 "新建" 按钮。

③ 对有效载荷数据进行设置。

④ 单击 "初始值" 按钮。

⑤ 根据实际情况设置有效载荷数据，各参数的含义见表 3-2。

表 3-2 有效载荷参数

名称	参数	单位
有效载荷质量	load.mass	kg
有效载荷重心	load.cog.x load.cog.y load.cog.z	mm
力矩轴方向	load.aom.q1 load.aom.q2 load.aom.q3 load.aom.q4	
有效载荷的转动惯量	ix iy iz	kg·m²

⑥ 单击"确定"按钮。

课件
ABB 机器人简单
编程

任务 3　ABB 机器人简单编程

任务分析

"示教"就是机器人"学习"的过程。在这个过程中，操作者要"手把手"教会机器人做某些动作，机器人的控制系统会以程序的形式将其"记忆"下来。

机器人按照示教时存储的程序展现这些动作，就是"再现"过程。ABB 机器人编程要点包括程序指令、程序结构、更新转数计数器的方法。

相关知识

3.3.1　程序存储器

ABB 机器人的程序存储器包含应用程序和系统模块两部分。存储器中只允许存在一个主程序，所有例行程序（子程序）与数据无论存在什么位置，全部被系统共享。因此，所有例行程序与数据除特殊情况以外，名称不能重复。

1. 应用程序（program）的结构

应用程序由主模块和程序模块组成。主模块（main module）包含主程序（main routine）、程序数据（program data）和例行程序（routine）。

程序模块（program modules）包含程序数据（program data）和例行程序（routine）。

2. 系统模块（system modules）的结构

系统模块包含系统数据（system data）和例行程序（routine）。

所有 ABB 机器人都自带 USER 模块和 BASE 模块两个系统模块。使用时对系统自动生成的任何模块不能进行修改。

任务实施

3.3.2　转数计数器

转数计数器用来提供电动机轴在齿轮箱中的转数。丢失这个数据后机器人不能运行任何程序。更新转数计数器时，手动操作 6 个轴到同步标记位置上，标准位置有划线标记或者卡尺标记，如图 3-59 所示，不同型号机器人的同步标记位置不同。

微课
ABB 机器人转数计
数器的更新

更新转数计数器时，如果位置狭小，可以逐轴更新，但是每一轴都要确保在正确的位置上更新。没有在正确的位置上更新会导致定位不准，造成事故或者人身伤害。

ABB 机器人 6 个关节轴都有自己的机械原点。在下列情况下，必须对机械原点的位置进行转数计数器更新：更换伺服电动机转数计数器电池后；修复转数计数器故障后；转数计数器与测量板断开后；断电后机器人关节轴发生移动；系统报警提示"10036 转数计数器未更新"。

在示教器上的操作步骤如图 3-60 至图 3-67 所示，从"ABB"菜单开始。

图 3-59　同步标记

图 3-60　"ABB"菜单

① 单击"ABB"按钮，在"ABB"菜单中选择"Calibration（校准）"命令，打开图 3-61 所示窗口。

② 检查机器人状态，图 3-61 中显示"未校准"，因而需要校准机器人。

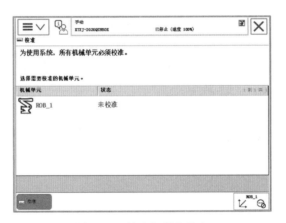

图 3-61　检查机器人状态

③ 依次将关节轴 4、5、6、1、2、3 手动调至带有明显标记的机械零点刻度位置，如图 3-62 所示。

④ 检查本体机械零点是否在正确位置，单击 **ROB_1** 按钮，界面如图 3-63 所示。

⑤ 单击 **Rev. Counters** 按钮，单击 ○ **Update Revolution Counters...** 按钮，弹出确认是否更新转数计数器的提示框，如图 3-64 所示。

单击"Yes"按钮，返回图 3-65 所示界面。

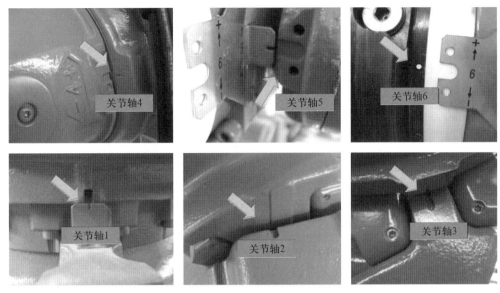

图 3-62　ABB 机器人 IRB6640 机械零点刻度位置

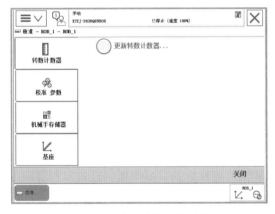

图 3-63　检查本体机械零点

图 3-64　确认提示框

⑥ 选中要校准的机器人，这里是 ROB_1，单击 "OK" 按钮，单击 "Select All"（全选）按钮，所有的方框全部选中后，单击 "Update" 按钮弹出图 3-66 所示提示框，单击 "Update" 按钮确认。

单击 "OK" 按钮，完成机器人校准。

3.3.3　编程指令

常用基本运动指令有 MoveL、MoveJ、MoveC。

MoveL：直线运动。

MoveJ：关节轴运动。

MoveC：圆弧运动。

 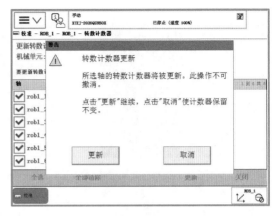

图 3-65　机器人各轴状态列表　　　　　　图 3-66　Update 确认

（1）直线运动指令的应用

直线由起点和终点确定，因此在机器人的运动路径为直线时使用直线运动指令 MoveL，只需示教确定运动路径的起点和终点。例如，直线运动起点程序语句如下。

```
MoveL p1,v100,z10,tool1;
```

p1：目标位置。

100：机器人运行速度。

修改方法：将光标移至速度数据处，按"Enter"键，进入窗口；选择所需速度。

z10：转弯区尺寸。

修改方法：将光标移至转弯区尺寸数据处，按"Enter"键，进入窗口；选择所需转弯区尺寸，也可以进行自定义。

tool1：工具坐标。

fine 指机器人 TCP 达到目标点（图 3-68 中的 p2 点），在目标点速度降为零。机器人动作有停顿，焊接编程时，必须用 fine 参数。

zone 指机器人 TCP 不达到目标点，而是在距离目标点一定长度（通过编程确定，如 z10）处圆滑绕过目标点，如图 3-67 中的 p1 点。

例如，使机器人沿长 100 mm、宽 50 mm 的长方形路径运动，如图 3-69 所示。

采用 offs 函数进行精确确定运动路径的准确数值。

机器人的运动路径如图 3-68 所示，机器人从起始点 p1 经过 p2、p3、p4 点，回到起始点 p1。

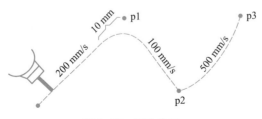 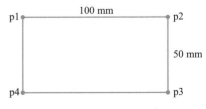

图 3-67　运动路径　　　　　　　　图 3-68　长方形运动路径

为了精确定位 p1、p2、p3、p4 点，可以采用偏移函数 offs，通过确定参变量的方法进行点的精确定位。offs（p1，x，y，z）代表一个距 p1 点存在 X 轴向偏移量 x，Y 轴向偏移量 y，Z 轴向偏移量 z 的点（x，y，z 默认单位为 mm）。

将光标移至目标点，按"Enter"键，选择 Func，采用切换键选择所用函数，并输入数值。如 p3 点程序语句为：

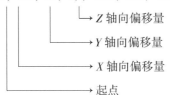

MoveL offs（p1，100，50，0），v100，fine，tool1；

      ↳ Z 轴向偏移量

     → Y 轴向偏移量

   → X 轴向偏移量

 → 起点

机器人长方形路径的程序如下。

MoveJ p1,v100,fine,tool1;	运动到 p1 点
MoveL offs(p1,100,0,0), v100,fine,tool1;	运动到 X 轴向偏离 p1 点 100 mm 的位置

MoveL offs(p1,100,50,0),
 v100,fine,tool1;
	运动到 X 轴向偏离 p1 点
	  100 mm，Y 轴向偏离 p1
	  点 50 mm 的位置

MoveL offs(p1,0,50,0), v100,fine,tool1;	运动到 Y 轴向偏离 p1 点 50 mm 的位置
MoveL p1,v100,fine,tool1;	运动到 p1 点

（2）圆弧运动指令的应用

圆弧运动路径由起点、中点、终点 3 点确定。使用圆弧运动指令 MoveC，需要示教确定运动路径的起点、中点和终点。圆弧运动路径如图 3-69 所示。

起点为 p0，也就是机器人的原始位置，使用 MoveC 指令会自动显示需要确定的另外两个点，即中点和终点，程序语句如下。

   MoveC p1,p2,v100,z1,tool1；

与直线运动指令 MoveL 一样，也可以使用 offs 函数精确定义运动路径。

例如，如图 3-70 所示，令机器人沿圆心为 p 点，半径为 80 mm 的圆运动。

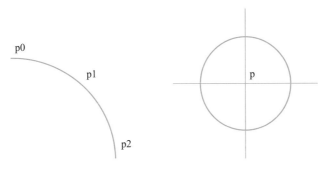

图 3-69 圆弧运动路径   图 3-70 圆运动路径

程序如下。

```
MoveJ p,v500,z1,tool1;
MoveL offs(p,80,0,0),v500,z1,tool1;
MoveC offs(p,0,80,0),offs(p,-80,0,0),v500,z1,tool1;
MoveC offs(p,0,-80,0),offs(p,80,0,0),v500,z1,tool1;
MoveJ p,v500,z1,tool1
```

总　结

本项目主要介绍了对机器人最基础的操作，包括安全用电、开关机、示教器的使用以及数据文件的备份与恢复。在此基础上，引入机器人编程的一些基本概念，帮助读者理解机器人各种坐标系。通过机器人的校准实际操作帮助读者熟悉机器人，掌握通过示教器对机器人的运动控制。最后通过完成一个简单实例让读者掌握 ABB 机器人的简单编程。

习　题

一、单项选择题

1. 工作范围是指机器人（　　）或手腕中心所能到达的点的集合。

A. 机械手　　　B. 手臂末端　　　C. 手臂　　　　D. 行走部分

2. 真空吸盘要求工件表面（　　）、干燥清洁，同时气密性好。

A. 粗糙　　　　B. 凸凹不平　　　C. 平缓突起　　D. 平整光滑

3. 机器人的控制方式分为点位控制和（　　）。

A. 点对点控制　B. 点到点控制　　C. 连续轨迹控制　D. 任意位置控制

4. 工具测量的意义是（　　）。

A. 工具测量后，可进行沿工具作业方向的直线手动移动、机器人法兰的改向和使工具头部（TCP）沿轨迹运动

B. 通过工具测量可避开 Alpha5 问题

C. 工具测量后，可进行沿工具作业方向的直线手动移动、围绕工具头部（TCP）的改向和使工具头部（TCP）沿轨迹运动

D. 仅使用一个工具时，测量无意义

5. 测量基坐标系的方法是（　　）。

A. 3 点法（原点、X 轴正向上的点、带正 Z 值的 YZ 平面）

B. 3 点法（原点、X 轴正向上的点、带正 Y 值的 XY 平面）

C. 3 点法（X 轴正向上的点、Y 轴正向上的点、Z 轴正向上的点）

D. 3 点法（原点、X 轴正向上的点、带正 Z 值的 XZ 平面）

6. 示教-再现控制为一种在线编程方式，它的最大问题是（　　）。

A. 操作人员劳动强度大　　　　B. 占用生产时间

C. 操作人员安全问题　　　　　D. 容易产生废品

7. 对机器人进行示教时，示数人员必须事先接受过专门的培训才行。与示教作业人员一起进行作业的监护人员，处在机器人可动范围外时，（　　　　），可进行共同作业。

A. 不需要事先接受过专门的培训

B. 必须事先接受过专门的培训

C. 没有事先接受过专门的培训也可以

8. 为了确保安全，用示教编程器手动运行机器人时，机器人的最高速度限制为（　　　　）。

A. 50 mm/s　　　　B. 250 mm/s　　　　C. 800 mm/s　　　　D. 1 600 mm/s

9. 示教编程器上安全开关握紧为 ON，松开为 OFF 状态，作为进而追加的功能，当握紧力过大时，为（　　　　）状态。

A. 不变　　　　　　B. ON　　　　　　C. OFF

10. 机器人终端效应器（手）的力量来自（　　　　）。

A. 机器人的全部关节

B. 机器人手部的关节

C. 决定机器人手部位置的各关节

D. 决定机器人手部位姿的各个关节

二、判断题

1. 机器人分辨率分为编程分辨率与控制分辨率，统称为系统分辨率。（　　　）

2. 机器人轨迹泛指工业机器人在运动过程中所走过的路径。（　　　）

3. 机器人轨迹泛指工业机器人在运动过程中的运动轨迹，即运动点的位移、速度和加速度。（　　　）

三、简答题

1. 文件备份有哪些注意事项？

2. 简述 ABB 机器人输入负载数据的操作步骤。

3. 什么是 TCP 点？

4. 进行工具测量的意义是什么？

5. 什么时候需要更新转数计数器？

四、操作题

熟练掌握机器人示教器的使用。

习题答案

项目 3

项目 **4**

ABB 机器人焊接基本操作

弧焊机器人的应用范围非常广泛，在通用机械、汽车行业、金属结构、航空航天、机车车辆及造船行业都有应用。 当前应用的弧焊机器人可适应多品种中小批量生产，并配有焊缝自动跟踪和熔池控制等功能，可对环境的变化进行一定范围的适应性调整。

学习目标

📖 知识目标
- 了解 CO_2 气体保护焊的基本原理、工艺特点及应用范围。
- 掌握焊接系统结构及接线。
- 掌握机器人焊接指令及应用。
- 掌握工业机器人简单编程。
- 掌握弧焊机器人平板堆焊焊缝的焊接与编程技术。

☑ 技能目标
- 通过示教器编辑弧焊指令。
- 通过直线及圆弧焊接指令编辑平面堆焊的焊接程序，并按要求运行程序，焊接的焊缝符合工艺要求。

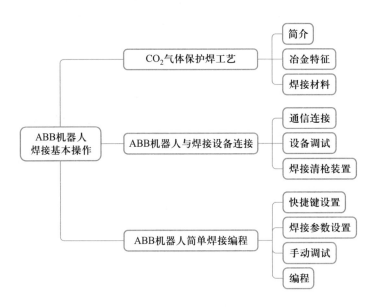

任务 1　CO₂ 气体保护焊工艺

任务分析

CO_2（二氧化碳）气体保护焊简称 CO_2 焊，主要用于焊接低碳钢及低合金钢等黑色金属。对于不锈钢，焊缝金属有增碳现象，影响抗晶间腐蚀性能。所以，CO_2 焊只能用于对焊缝性能要求不高的不锈钢焊件。此外，CO_2 焊还可用于耐磨零件的堆焊、铸钢件的焊补以及电铆焊等方面。目前，CO_2 焊在汽车制造、机车和车辆制造、化工机械、农业机械、矿山机械等行业得到了广泛的应用。

课件
CO₂ 气体保护焊工艺

相关知识

4.1.1　CO₂ 气体保护焊简介

CO_2 气体保护焊是利用 CO_2 作为保护气体的熔化极电弧焊方法。焊接过程中 CO_2 气体作为保护介质，使电弧及熔池与周围空气隔离，防止空气中氧、氮、氢对熔滴和熔池金属的有害作用，对焊缝起到良好的保护效果。

1. CO₂ 气体保护焊的特点

① 焊接生产率高。由于焊接电流密度较大，电弧热量利用率较高，而且焊后不需清渣，CO_2 焊的生产率是普通的焊条电弧焊的 2~4 倍。

② 焊接成本低。CO_2 气体来源广，价格便宜，而且电能消耗少，故使焊接成本降低。通常 CO_2 焊的成本只有埋弧焊或焊条电弧焊的 40%~50%。

③ 焊接变形小。由于电弧加热集中，焊件受热面积小，同时 CO_2 气流有较强的冷却作用，所以焊接变形小，特别适宜于薄板焊接。

④ 焊接品质较高。对铁锈敏感性小，焊缝含氢量少，抗裂性能好。

⑤ 适用范围广。可实现全位置焊接，对薄板、中厚板甚至厚板都能焊接。

⑥ 操作简便。焊后不需清渣，明弧焊接，便于监控，有利于实现机械化和自动化焊接。

图片
CO₂ 焊接过程

2. CO₂ 气体保护焊的缺点

① 飞溅率较大，焊缝表面成形较差。金属飞溅是 CO_2 焊中比较突出的问题，这是 CO_2 气体保护焊最主要的缺点。

② 很难用交流电源进行焊接，焊接设备比较复杂。

③ 抗风能力差，给室外作业带来一定困难。

④ 不能焊接容易氧化的有色金属。

CO_2 焊的缺点可以通过提高技术水准和改进焊接材料、焊接设备加以解决，而其优点却是其他焊接方法所不能比的。因此，可以认为 CO_2 焊是一种效率高、成本低、能耗低的焊接方法。

4.1.2 冶金特性和焊接材料

1. 合金元素的氧化与脱氧

合金元素的氧化与 CO_2 气体的氧化性有关。CO_2 在高温条件下能分解出氧，因此具有很强的氧化性，并且随着温度的提高，氧化性增强。氧化反应的程度取决于合金元素在焊接区的浓度和它们对氧的亲和力。熔滴和熔池金属中 Fe 的浓度最大，Fe 的氧化比较激烈。Si、Mn、C 的浓度虽然较低，但它们与氧的亲和力比 Fe 大，所以反应也很激烈。

CO_2 电弧的氧化性同时与合金元素的烧损、气孔和飞溅有关，因此必须在冶金上采取脱氧措施予以解决。但应指出，气孔、飞溅除和 CO_2 气体的氧化性有关外，还和其他因素有关，这些问题留待后续讨论。

加入焊丝的 Si 和 Mn，一部分在焊接过程中直接被氧化和蒸发，一部分耗于 FeO 的脱氧反应，剩余部分则残留在焊缝中，对焊缝金属起合金化的作用，所以焊丝中加入的 Si 和 Mn，需要有足够的含量。但是焊丝中 Si、Mn 的含量过高也不行。Si 含量过高会降低焊缝的抗热裂纹能力；Mn 含量过高会使焊缝金属的冲击值下降。

此外，Si 和 Mn 之间的比例还必须适当，否则不能很好地结合成硅酸盐后浮出熔池，而会有一部分 SiO_2 或者 MnO 夹渣残留在焊缝中，使焊缝的塑性和冲击值下降。根据试验，焊接低碳钢和低合金钢用的焊丝，Si 的质量分数约为 1%，经过在电弧中和熔池中烧损和脱氧，还可在焊缝金属中剩下 0.4% ~ 0.5%。焊丝中 Mn 的质量分数一般为 1% ~ 2%。

2. CO_2 焊的气孔及防止

CO_2 焊时，由于熔池表面没有熔渣覆盖，CO_2 气流又有冷却作用，因而熔池凝固比较快。由于低温时液态金属呈现较大的黏度和较强的表面张力，熔池内反应生成的或溶解的气体无法逸出，最终留在焊缝中，形成气孔。如果焊接材料或焊接工艺处理不当，可能会出现 CO 气孔、氮气孔和氢气孔。

（1）CO 气孔

在焊接熔池开始结晶或结晶过程中，熔池中的 C 与 FeO 反应生成的 CO 气体来不及逸出，而形成 CO 气孔。这类气孔通常出现在焊缝的根部或接近表面的部位，而且多呈针尖状。

（2）氮气孔

在电弧高温下，熔池金属对 N_2 有很高的溶解度。但当熔池温度下降时，N_2 在液态金属中的溶解度便迅速减小，会大量析出，如果未能逸出熔池，便生成 N_2 气孔。N_2 气孔常出现在焊缝接近表面的部位，呈蜂窝状分布，严重时还会以细小气孔的形式广泛分布在焊缝金属中。这种细小气孔往往在金相检验中才能被发现，或者在水压试验时被扩大成渗透性缺陷而表现出来。

（3）氢气孔

氢气孔产生的主要原因是，熔池在高温时溶入了大量氢气，在结晶过程中又不能充分排出，留在焊缝金属中形成气孔。

任务实施

图片
焊接飞溅

4.1.3　飞溅及防止措施

飞溅是 CO_2 焊最主要的缺点，它与焊接反应生成的 CO 气体有关。在高温时，CO_2 气体发生分解反应，生成的 CO 气体体积急剧膨胀，在从液态金属逸出的过程中往往会造成熔池或熔滴的爆破，引起金属飞溅。严重的飞溅会影响正常的焊接过程。除了 CO 气体，下列因素也会引起飞溅。

微课
熔滴过渡和飞溅

① 电弧斑点压力。

② 短路过渡时液态小桥爆断。

③ 焊接参数选择不当。

减少金属飞溅的措施主要是正确选择焊接电流、电弧电压、焊丝伸出长度、焊枪角度等焊接参数。

4.1.4　气体和焊丝

1. CO_2 气体

（1）CO_2 气体的性质

图片
银钎焊丝

CO_2 气体是无色又无味和无毒气体。在常温下它的密度为 $1.98\ kg/m^3$，约为空气的 1.5 倍。在常温时很稳定，但在高温时发生分解，至 5 000 K 时几乎能全部分解。

气瓶的压力与环境温度有关，当温度为 $0 \sim 20$℃ 时，瓶中压力为 $4.5 \sim 6.8 \times 10^6\ Pa$（$40 \sim 60$ 标准大气压），当环境温度在 30℃ 以上时，瓶中压力急剧增加，可达 $7.4 \times 10^6\ Pa$（73 标准大气压）以上。所以气瓶不得放在火炉、暖气等热源附近，也不得放在烈日下曝晒，以防发生爆炸。

图片
铸造黄铜焊丝

（2）提高 CO_2 气体纯度的措施

① 洗瓶后应该用热空气吹干　因为洗瓶后在钢瓶中往往残留较多的自由状态水。

② 倒置排水　液态的 CO_2 可溶解质量分数约 0.05% 的水分，另外还有一部分自由态的水分沉积于钢瓶的底部。焊接使用前首先应去掉自由态水分。可将 CO_2 钢瓶倒立静置 $1 \sim 2\ h$，以便使瓶中自由状态的水沉积到瓶口部位，然后打开阀门放水 $2 \sim 3$ 次，每次放水间隔 30 min，放水结束后，把钢瓶恢复放正。

图片
不锈钢焊丝

③ 正置放气　放水处理后，将气瓶正置 2 h，打开阀门放气 $2 \sim 3$ min，放掉一些气瓶上部的气体，因这部分气体通常含有较多的空气和水分，同时带走瓶阀中的空气。

④ 使用干燥器　可在焊接供气的气路中串接过滤式干燥器。用以干燥含水较多的 CO_2 气体。

图片
CO_2 焊丝

⑤ 使用时注意瓶中的压力。

2. 焊丝

CO_2 气体保护焊的焊丝既是填充金属又是电极，所以焊丝既要保证一定的化学成分和力学性能，又要保证具有良好的导电性和工艺性能。

图片
药芯焊丝

对焊丝的要求如下：

① 使用脱氧剂。

微课
焊丝

微课
焊丝的加热和熔化

图片
CO_2 储气瓶

图片
气压表

② 焊丝的 C、S、P 含量要低。

③ 为防锈及提高导电性，焊丝表面最好镀铜。

4.1.5　焊接工艺

在 CO_2 焊中，为了获得稳定的焊接过程，熔滴过渡通常有两种形式，即短路过渡和细滴过渡。其中，短路过渡焊接在实际生产中应用最为广泛。

1. 短路过渡 CO_2 焊工艺特点

短路过渡时，采用细焊丝、低电压和小电流。熔滴细小且过渡频率高，电弧非常稳定，飞溅小，焊缝成形美观，适用于焊接薄板及全位置焊接。焊接薄板时，生产率高，焊接变形小，焊接质量高，焊接工艺简单。因此，短路过渡 CO_2 焊容易在生产中得到推广应用。

短路过渡 CO_2 焊需要调节的焊接工艺参数主要有：焊丝直径、焊接电流、电弧电压、焊接速度、保护气体流量、焊丝伸出长度及电感值等。

（1）焊丝直径

短路过渡焊接采用细焊丝，常用焊丝直径为 0.6~1.6 mm。随着焊丝直径的增大，飞溅颗粒相应增大。

（2）焊接电流

焊接电流是最重要的焊接参数，由送丝速度和焊丝直径共同决定。增大焊接电流和焊丝直径，焊缝厚度会随之增大。

（3）电弧电压

短路过渡的电弧电压一般在 17~25 V 之间。因为短路过渡只有在较低的弧长情况下才能实现，所以电弧电压是一个非常关键的焊接参数，如果电弧电压选得过高（如大于 29 V），则无论其他参数如何选择，都不能得到稳定的短路过渡过程。

短路过渡时焊接电流均在 200 A 以下，这时电弧电压均在较窄的范围（2~3 V）内变动。电弧电压与焊接电流的关系为

$$U = 0.04I + (16 \pm 2)$$

（4）焊接速度

焊接速度对焊缝成形、接头的力学性能及气孔等缺陷的产生都有影响。在焊接电流和电弧电压一定的情况下，焊接速度加快时，焊缝厚度（S）、宽度（C）和余高（h）都减小，如图 3-6 所示。

（5）保护气体流量

气体保护焊时，保护气体流量通常选为 12~15 L/min，如过小会导致保护效果不好，造成气孔和过烧等焊缝成形缺陷；如过大则除了浪费资源以外，也会造成焊缝成形不良。

（6）焊丝伸出长度

短路过渡焊接时采用的焊丝都比较细，因此焊丝伸出长度对焊丝熔化速度的影响很大。伸出长度太大，则电弧不稳，难以操作，同时飞溅较大，焊缝成形恶化，气体保护不到位而易产生气孔。相反，伸出长度太小，会缩短喷嘴与焊件间的距离，

飞溅金属容易堵塞喷嘴。同时，还妨碍观察电弧，不利于实现焊缝跟踪。

2. 细滴过渡 CO_2 焊工艺特点

细滴过渡 CO_2 焊的特点是电弧电压比较高，焊接电流比较大。细滴过渡时，电弧是持续的，不发生短路熄弧的现象。焊丝的熔化金属以细滴形式进行过渡，所以电弧穿透力强，母材熔深大，适用于中等厚度及大厚度焊件的焊接。

细滴过渡 CO_2 焊焊接参数选择与短路过渡不同。

（1）电弧电压与焊接电流

为了实现滴状过渡，电弧电压必须选取在 34~45 V 范围内。焊接电流则根据焊丝直径来选择，实现细滴过渡的焊接电流下限是不同的。

（2）焊接速度

细滴过渡 CO_2 焊的焊接速度较高。与埋弧焊相比，焊丝直径相同时，焊接速度高 0.5~1.0 倍。常用焊速为 40~60 m/h。

（3）保护气体流量

应选用较大的保护气体流量来保证焊接区的保护效果，通常比短路过渡 CO_2 焊高 1~2 倍。常用气流量为 25~50 L/min。

任务 2　ABB 机器人与焊接设备连接

课件
ABB 机器人与焊接设备连接

任务分析

弧焊机器人工作站的功能是根据焊接对象的性质以及焊接工艺的要求，利用焊接设备和机器人完成焊接。弧焊系统由焊枪、电焊机、送丝装置等组成，需与配电箱、接地、气体调节器、母材以及送丝装置连接。

任务实施

4.2.1　电焊机与 ABB 机器人通信接口

图 4-1 所示为一个弧焊系统。图 4-2 所示为电焊机通信接口。ABB 机器人通信接口如图 4-3 所示。

工业机器人与电焊机以及相关外围设备的接口各不相同，具有唯一性。

定期对各电缆以及接口进行检查，防止出现松动，接触不良可能造成设备烧毁。

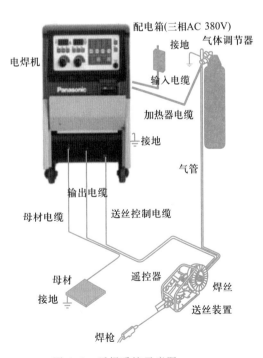

图 4-1　弧焊系统示意图

微课
ABB 工业机器人与
电焊机的连接

图片
CO₂ 焊机

图片
CO₂ 送丝机

图片
拉丝式 1

图片
拉丝式 2

图片
推丝式

微课
ABB 工业机器人与
送丝机及焊枪的
连接

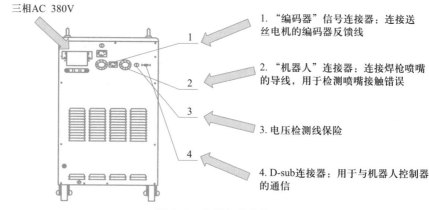

三相AC 380V

1. "编码器"信号连接器：连接送
丝电机的编码器反馈线

2. "机器人"连接器：连接焊枪喷嘴
的导线，用于检测喷嘴接触错误

3. 电压检测线保险

4. D-sub连接器：用于与机器人控制器
的通信

图 4-2　电焊机通信接口

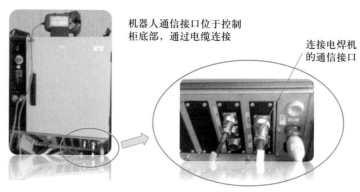

机器人通信接口位于控制
柜底部，通过电缆连接

连接电焊机
的通信接口

图 4-3　机器人通信接口

4.2.2　ABB 机器人与送丝装置及焊枪连接

1. 送丝机及焊枪组件的结构及作用

送丝机及焊枪组件由焊丝盘、送丝装置、焊枪以及相关电缆组成。焊枪是焊接系统的工作终端，实现最终的焊接工作。在焊枪的焊接过程中，由送丝机根据需要给焊枪送焊丝，保障焊枪能有效持续地执行焊接工作。

2. 焊丝盘的安装

焊丝盘安装在第 1 轴与第 2 轴关节连接处，需先在该处安装好焊丝盘支撑座，然后将焊丝盘装入支撑座，安装步骤如图 4-4 所示。

安装支撑座　　　装入焊丝盘

图 4-4　焊丝盘的安装步骤

3. 送丝装置的安装

送丝装置安装于第 2 轴与第 3 轴关节连接处，由连接板将送丝装置与机器人连接起来，如图 4-5 所示。

4. 焊枪的安装

焊枪安装在工业机器人的第 6 轴处，通过法兰盘与工业机器人连接，如图 4-6 所示。

5. 送丝装置与相关设备的连接

送丝装置分别与工业机器人控制柜、焊接电源以及供气设备连接，如图 4-7 所示。

连接到送丝装置的气管以及电缆会随着工业机器人的工作而相应移动，因此需定期对各电缆以及接口进行检查，防止出现松动情况，接触不良可能造成设备的烧毁。

图 4-5　ABB 机器人送丝装置

图 4-6　ABB 机器人第 6 轴与焊枪安装

图片
推拉丝式 1

图片
推拉丝式 2

4.2.3　清枪剪丝装置

焊枪经过一段时间的焊接后，内壁会积累大量焊渣，影响焊接质量，因此需要定期清除。焊丝过短、过长或焊丝端头成球形时，也需要处理。图 4-8 所示为 ABB 机器人清枪剪丝装置。

图片
送丝机构

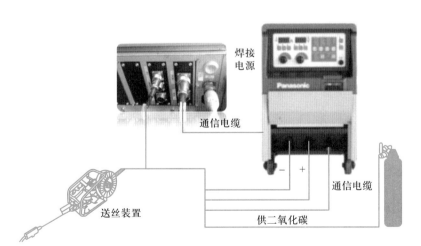

图 4-7　送丝装置与相关设备的连接

图 4-8　ABB 机器人清枪剪丝装置

微课
ABB 工业机器人与
清枪装置的连接

图片
清枪剪丝装置

课件
ABB 机器人简单焊
接编程

清枪剪丝装置主要包括焊枪清洗机、喷化器和焊丝剪断装置三部分。焊枪清洗机可清除喷嘴内表面的飞溅，以保证保护气体的通畅；喷化器喷出的防溅液可以减少焊渣的附着，降低维护频率；焊丝剪断装置主要用于焊丝进行起始点检出的场合，以保证焊丝干伸出的长度一定，提高检出精度和起弧性能。

任务 3　ABB 机器人简单焊接编程

任务分析

本任务包含两部分：先了解和设置焊接参数，再编写简单的焊接程序。

任务实施

4.3.1　快捷键设置

通过可编程按钮设置实现示教器外部按键控制送气、送丝、起弧信号，首先需要了解示教器中已经定义和设置好的信号。

1. 查看 I/O 配置

选择 "ABB"→"Inputs and Outputs"（输入输出）→"视图" 菜单命令，弹出界面如图 4-9 所示。

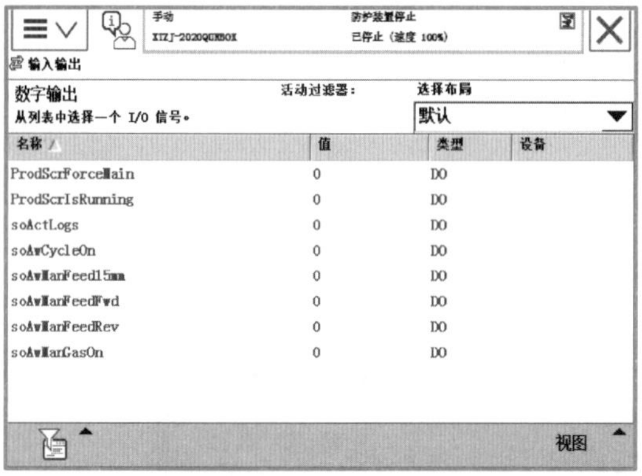

图 4-9　ABB 示教器界面显示已有的信号名称及类型

2. 可编程控制键

可编程控制键是示教器手柄上方的 4 个按键  ，可以将这 4 个按键设置成送丝、送气、起弧等功能的快捷键，便于在焊接编程时调试焊接程序。

选择 "ABB"→"控制面板"→"配置可编程控制键" 菜单命令，在弹出的界面上选择相应的命令，并进行信号设置即可。图 4-10 所示为设置 ⊖ 键为送丝快捷键。

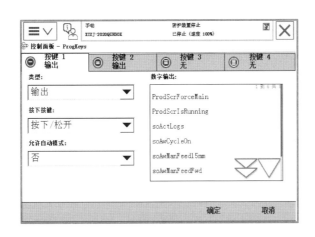

图 4-10　设置⊖键为送丝快捷键

4.3.2　焊接参数设置

微课
ABB 弧焊工作站的
参数设定

1. 引弧收弧参数（seamdata）设置（图 4-11）

purge_time：焊接开始时清理枪管中空气的时间，单位为 s。

preflow_time：预送气的时间，单位为 s。此命令用于焊接引弧之前对焊接区域进行气体保护。

postflow_time：滞后断气时间，用于焊接熄弧后继续保护焊缝，单位为 s。

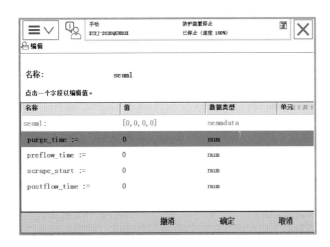

图 4-11　引弧收弧参数设置

微课
焊接参数设定

2. 焊接参数（welddata）设置（图 4-12）

weld_speed：机器人焊接速度，单位为 mm/s。

3. 摆动参数（weavedata）设置（图 4-13）

图 4-13 中参数在 4.3.4 中介绍。其他参数设置的说明如下。

dwell_left：摆动过程中在摆动左边时的运动的距离。

提示
摆动焊主要用于多层多道焊，可以加大焊层宽度，减小焊层厚度。

图 4-12　焊接参数设置

dwell_right：摆动过程中在摆动右边时的运动的距离。

dwell_center：摆动过程中在摆动中间时的运动的距离。

weave_dir：摆动倾斜的角度，焊缝的 X 轴向。

weave_tilt：摆动倾斜的角度，焊缝的 Y 轴向。

weave_ori：摆动倾斜的角度，焊缝的 Z 轴向。

weave_bias：摆动中心偏移。

上述参数在焊接过程中不常用。

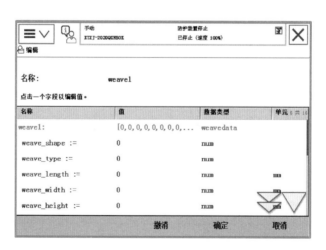

图 4-13　摆动参数设置

4. 焊接系统属性设置

焊接系统高级设置主要包括焊接系统属性设置（图 4-14）和焊接设备属性设置。焊接系统属性主要包括焊接参数基本单位和引弧参数。

（1）焊接参数基本单位

Units：焊接参数基本单位，有下列 3 项可供选择。

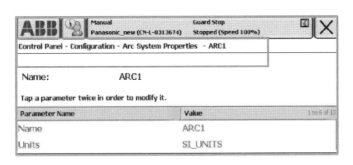

图 4-14　焊接系统属性设置

SI_UNITS：国际单位，焊接速度单位为 mm/s，长度单位为 mm，送丝速度单位为 mm/s。

US_UNITS：美国单位，焊接速度单位为 in/min，长度单位为 in，送丝速度单位为 in/min。

WELD_UNITS：焊接单位，焊接速度单位为 mm/s，长度单位为 mm，送丝速度单位为 mm/min。

（2）引弧参数

Restart On：焊接反复引弧，设置为 TRUE 时，机器人会在引弧不成功的点反复引弧。

Restart Distance：重复引弧的回退距离。

Number Of Retries：重复引弧的次数，如图 4-15 所示。

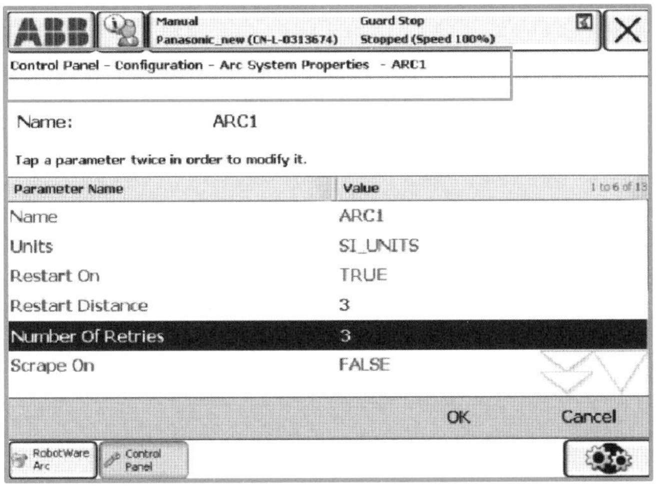

图 4-15　重复引弧的次数

Scrape On：是否进行刮擦引弧。刮擦引弧的方式在 seamdata 中设置。

Scrape Option On：刮擦引弧的其他参数，如电流、电压。

Scrape Width：刮擦引弧的宽度。

Scrape Direction：刮擦引弧的方向，设置为 0 时垂直于焊缝，设置为 90 时平行于焊缝。

Scrape Cycle Time：刮擦引弧的时间，单位为 s。

Ignition Move Delay On：引弧移动延迟有效，设置为 TRUE 时，在 seamdata 中可以设置引弧移动延迟时间，单位为 s，引弧成功后机器人等待相应时间后再向前运动。

Motion Time Out：协作引弧时间差，主要用于 Multimove 系统，表示两台机器人同时引弧时允许的最长时间差。如果实际时间差超过这个值，系统会报错。

5. 焊接设备属性设置

焊接设备属性设置如图 4-16 所示，具体参数如图 4-17 所示。

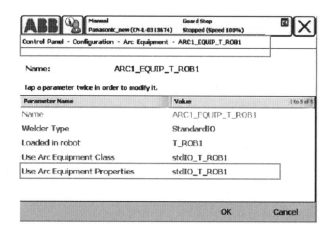

图 4-16　焊接设备属性设置

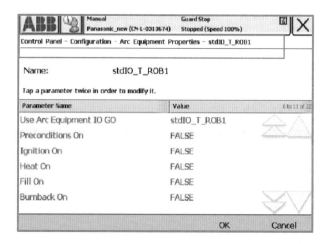

图 4-17　焊接设备属性参数

Ignition On：引弧参数，设置为 TRUE 时，在 seamdata 中会出现焊接引弧的电流、电压参数。

Heat On：热引弧参数，设置为 TRUE 时，在 seamdata 中会出现焊接热引弧的电流、电压、距离参数。

Fill On：填弧坑参数，设置为 TRUE 时，在 seamdata 中会出现填弧坑电流、电压、时间、冷却时间参数。

Burnback On：回烧参数，设置为 TRUE 时，在 seamdata 中会出现回烧时间。

Burnback Voltage On：回烧参数，设置为 TRUE 时，在 seamdata 中会出现回烧电压。

ARC Preset：焊接参数准备，单位为 s。设置为 1 时，表示焊接开始前将焊接的电流、电压参数发送给机器人。

Ignition Timeout：引弧时间，通常为 1，单位为 s。机器人将引弧信号发送给焊机后，如果 1 s 内机器人没收到引弧成功信号，则会再次引弧。如果引弧次数超过前面设置的值，系统会报错。

4.3.3　手动调试焊接参数

手动调试焊接参数如图 4-18 至图 4-20 所示。

提示
练习时先屏蔽焊接引弧。

图 4-18　机器人焊接电弧设置

图片
直流正接极性

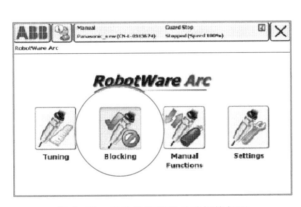

图 4-19　自动焊冻结且手动焊接打开

图片
直流反接极性

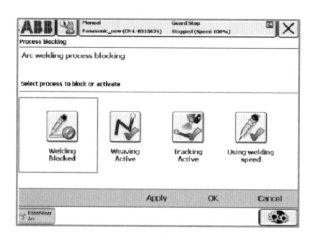

图 4-20   焊接引弧屏蔽

4.3.4   简单焊接编程

1. 弧焊指令

弧焊指令的基本功能与普通 Move 指令一样，可实现运动及定位，另外还包括 3 个焊接参数：sm（seam）、wd（weld）、wv（weave）。

① ArcL（直线焊接，linear welding）：直线弧焊指令，运动方式同 MoveL，包含下列 3 项。

ArcLStart ：直线焊接开始。

ArcLEnd ：直线焊接结束。

ArcL ：直线焊接。

② seam1（弧焊参数 seamdata）：弧焊参数的一种，定义起弧和收弧时的焊接参数，含义见表 4-1。

图片

CO_2 焊缝

表 4-1   常用弧焊指令

弧焊参数（指令）	指令定义的参数
purge_time	保护气管路的预充气时间
preflow_time	保护气的预吹气时间
bback_time	收弧时焊丝的回烧时间
postflow_time	收弧时为防止焊缝氧化保护气体的吹气时间

③ weld1（弧焊参数 welddata）：弧焊参数的一种，定义焊接参数，含义见表 4-2。

表 4-2   定义焊缝的焊接参数

弧焊参数（指令）	指令定义的参数
weld_speed	焊缝的焊接速度，单位是 mm/s

④ weave1（弧焊参数 weavedata）：弧焊参数的一种，定义摆动参数，含义见表 4-3。

表 4-3　定义摆动焊时的摆动参数

弧焊参数（指令）	指令定义的参数	
weave_shape 焊枪摆动类型	0	无摆动
	1	平面锯齿形摆动
	2	空间 V 字形摆动
	3	空间三角形摆动
weave_type 机器人摆动方式	0	机器人所有的轴均参与摆动
	1	仅手腕参与摆动
weave_length	摆动一个周期的长度	
weave_width	摆动一个周期的宽度	
weave_height	空间摆动一个周期的高度	

⑤ \On ：可选参数，令焊接系统在该语句的目标点到达之前，依照 seam 参数中的定义，预先启动保护气体，同时将焊接参数进行数模转换，送往焊机。

⑥ \Off ：可选参数，令焊接系统在该语句的目标点到达之时，依照 seam 参数中的定义，结束焊接过程。

2. 弧焊指令的应用

（1）编写弧焊程序语句

① 操纵机器人定位到所需位置。

② 切换到编程窗口"IPL1：Motion&Process"。

③ 选择 ArcL 或 ArcC，出现如图 4-21 所示的编辑窗口。确认后指令将被直接插入程序，指令中的焊接参数仍然保持上一次编程时的设定。

```
File        Edit       View         IPL1        IPL2

Program  Instr                      WELDPIPE/main
                                    Notion&Proc
                        I{1}
     ArcL *, v100, seam1, weld1, wea   1.ActUnit
                                       2.ArcC
                                       3.ArcL.
                                       4.DoactUnit
                                       5.MoveC
                                       6.MoveJ
                                       7.MoveL
                                       8.SearchC
                                       9.More      ↓

 Copy       Paste      OptArg.      ModPos       Test
```

图 4-21　弧焊指令编辑窗口

④ 修改焊接参数，如 seam1 。

选中该参数并按"Enter"键，出现如图 4-22 所示的窗口，刚才被选中的参数前有一个"?"，窗口的下半部分列出了所有可选的该类型的参数。选中需要的参数或新建一个，按"Enter"键后即完成对该参数的替换。按"Next"功能键可令"?"移动到下一个参数。最后按"OK"键确认。

```
Instruction Arguments
ArcL *,v100,?seam1,weld1,weave1,z10,gun1

Seam datal seam1
                                              I(2)
New...              seam1              seam2
seam3               seam4

Next      Func      More...      Cancel      OK
```

图 4-22　焊接参数修改窗口

（2）典型焊接语句示例

ArcL\on P1, V100, seam1, weld1, weave1, fine, Gun1

通常，程序中显示的是参数的简化形式，如 sm1、wd1、wv1，分别表示 seam1、weld1、weave1。

ArcL\on：直线移动焊枪（电弧），预先启动保护气。

P1：目标点的位置，同普通的 Move 指令。

v100：单步（FWD）运行时，焊枪的速度，在焊接过程中为 Weld_speed 所取代。

fine：Zonedata，同普通的 Move 指令，但焊接指令中一般均用 fine。

gun1：Tooldata，同普通的 Move 指令，定义工具坐标系参数，一般不用修改。

（3）典型焊缝程序示例

机器人运行轨迹与焊缝示意图如图 4-23 所示，机器人从起始点 P10 运行到点 P20，并从此处起弧开始焊接，焊接到 P80 熄弧，停止焊接，但机器人继续运行到 P90，停止移动。

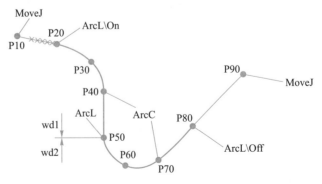

图 4-23　机器人运行轨迹与焊缝示意图

程序如下。

```
MoveJ P10,v100,z10,torch
ArcL\On P20,v100,sm1,wd1,wv1,fine,torch
ArcC P30,P40,v100,sm1,wd1,wv1,z10,torch
ArcL P50,v100,sm1,wd1,wv1,z10,torch
ArcC P60,P70,v100,sm1,wd2,wv1,z10,torch
ArcL\Off P80,v100,sm1,wd2,wv1,fine,torch
MoveJ P90,v100,z10,torch
```

总　　结

本项目首先从设备、冶金学原理、焊接材料到焊接工艺介绍了最常用弧焊方法——CO_2 气体保护焊；然后将焊接设备跟机器人设备连接起来，对如何进行安装调试进行了详细讲解；最后通过实现一个简单的焊接编程案例，实现了通过机器人示教编程完成机器人焊接任务。

习　　题

一、单项选择题

1. 气孔是由于熔池中的气体在熔池结晶过程中受到阻碍，逸不出来而残留在焊缝中形成的，其防止措施有（　　　）。

A. 选择正确的坡口角度及钝边

B. 加大焊接电流

C. 清除坡口及焊丝的铁锈、油污、水分，烘干焊接材料

2. 焊丝表面一般进行镀铜处理，其目的是防止锈蚀并利于焊丝的润滑和增强（　　　）。

A. 导电性　　　　　　B. 传热性　　　　　　C. 导磁性

3. CO_2 气体保护焊当焊丝伸出过长时，飞溅将（　　　）。

A. 增加　　　　　　　B. 不变　　　　　　　C. 减少

4. CO_2 气体保护焊通常要求保护气体含水量小于或等于 1 g/m^3，同时还应在气瓶出口处装设气体（　　　），以清除水分及防止气体中的水分在气瓶出口处结冰。

A. 冷却器

B. 干燥器或预热器

C. 去湿气

5. CO_2 气体保护焊焊枪中的导电嘴的制造材料一般采用（　　　）。

A. 纯铅　　　　　　　B. 纯铜　　　　　　　C. 纯银

二、填空题

1. CO_2 气体保护焊的送丝方式有_____、_____和推拉式 3 种。

2. 焊缝在钢板中间的纵向应力使焊缝及其附近产生_____；钢板两侧产

生_____。

3. 焊接设备包括_____、_____、送丝机、_____。

4. 进行焊接路径调试时，需要将_____模块关闭。

5. 焊接清枪装置包括_____、_____和焊丝剪断装置三部分。

三、判断题

1. 氧化性气体由于本身氧化性比较强，所以不适合做保护气体。（　　　）

2. CO_2 气体保护焊对铁锈、油污很敏感，焊前一般需要除锈。（　　　）

3. 焊接前，应先检查焊机设备和工具是否安全，如焊机接地及接线点接触是否良好，焊接电缆绝缘外套有无破损等。（　　　）

4. 机器人焊接操作工不需要焊工上岗证。（　　　）

5. 利用机器人进行焊接作业时需要佩戴焊接劳保用品。（　　　）

四、简答题

1. 指出语句中各指令的含义。

Move p1,v100,z10,tool1

2. 指出语句中各指令的含义。

ArcC P30,P40,V100,sm1,wd1,wv1,z10,torch

3. weld_speed、voltage、current 的含义是什么？

4. 如何在电焊机上设置焊接参数？

5. 如何通过示教器设置焊接参数？

五、操作题

操作机器人，在平板上焊接简单形状。

习题答案

项目 4

焊接过程中，焊件上某点温度随时间变化而变化，以很快的速度达到峰值温度，又在很快的速度下冷却下来，经历图 5-1 所示焊接热循环。

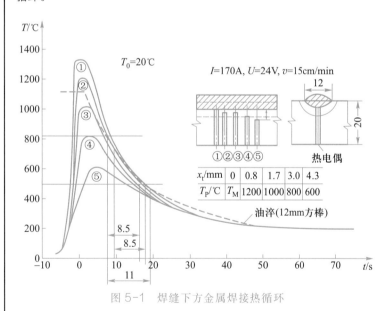

图 5-1　焊缝下方金属焊接热循环

焊缝上各点的加热和冷却并不相同，因而会产生极大的焊接应力，进而产生焊接变形。所以在进行机器人焊接之前都会对工件进行相应的约束处理，以保证焊接过程中焊缝轨迹不会因为变形而产生偏离。同时在焊接工艺上做出相应的调整，避免由于焊接应力过大而产生焊接缺陷。

- 认识焊接热循环的特点。
- 认识常见的焊接变形。
- 了解影响焊接变形的因素。
- 掌握控制焊接变形的措施。

技能目标
- 掌握机器人焊接参数的设置过程。
- 掌握机器人 I 形坡口薄板焊接工艺。
- 掌握机器人薄板和厚板焊接过程中控制焊接变形的工艺措施。

技能树

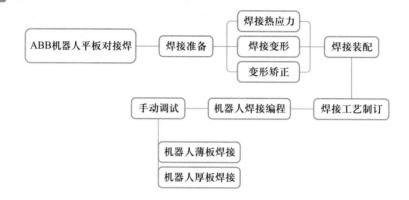

任务 1　焊接应力与变形

任务分析

在焊接过程中，焊件在电弧作用下局部高度受热而形成熔池，随后冷却而形成焊缝。材料受热时发生膨胀，冷却时发生收缩，都会在组件内部产生非均匀应力。

最初，形成熔池时，由于临近熔池的受热母材（热影响区）热膨胀，周围的低温母材对其形成压应力。在随后的冷却过程中，焊缝金属和热影响区的收缩立刻受到低温母材的阻碍，焊缝受拉应力。

材料的热应力量级可以通过焊接区域金属结晶时以及随后冷却到室温时的体积变化看出来。例如，当焊接碳锰钢材时，熔融焊缝金属在结晶时体积将减小近 3%，温度从钢材熔点降到室温时，固态焊缝金属/热影响区的体积将进一步减小 7%。

如果热膨胀/收缩产生的应力超过母材的屈服强度，金属将发生局部的塑性变形，塑性变形导致零件尺寸的永久减少，使焊接构件变形。

课件
焊接应力与变形

相关知识

5.1.1　焊接变形主要类型

变形通常的形式有纵向收缩、横向收缩、角变形、翘曲和凹陷（波浪变形）、屈曲（扭曲变形）等。

冷却时焊接区域的收缩由横向和纵向收缩两方面引起。非均匀收缩（厚度方向）导致角变形和横向、纵向收缩。例如，在单面 V 形对接焊缝中，第一层焊道产生纵向、横向收缩和转角。第二层焊道利用第一层熔敷焊缝作为支点，导致板材旋转。因此，可以利用双面 V 形对接焊缝的对称焊以便形成均匀收缩，防止角变形。同样，在单面角焊缝中，非均匀收缩可导致垂直腹板的角变形。因此，可采用双面角焊缝来控制垂直板的变形，但是因为焊缝仅熔敷在基材的一面，所以基材中又会出现角变形。

当焊接中心与截面的中性轴不一致时，在焊合板中会出现纵向弯曲，因此焊件中的纵向收缩会导致截面弯曲。复合板向两个方向弯曲，是由于板材在纵向和横向的收缩，这就形成了凹陷。在加强筋板的焊接中也会出现凹陷。由于加强筋板连接焊缝中的角变形，所以翼板通常在加强筋板间向内凹陷。在板材中，长期的压应力可在薄板中形成塑性屈服，导致凹陷、翘曲或起皱，如图 5-2 所示。尤其是增加角焊缝的焊脚尺寸，会增加收缩量。

5.1.2　影响变形的因素

如果金属材料被均匀地加热和冷却，几乎不会出现变形。如果金属材料被局部加热，并且受到周围低温金属的约束，产生的应力比材料的屈服强度高时，就会形成永久变形。下面介绍影响变形类型和程度的主要因素。

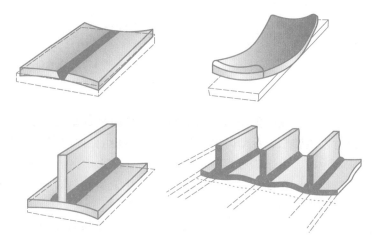

图 5-2　常见焊接变形

1. 母材属性

母材影响变形的属性是热膨胀系数和单位体积的比热容。因为变形是由材料膨胀和收缩决定的，材料的热膨胀系数在焊接中对应力的产生起着决定性作用，同时也影响了变形程度。例如，不锈钢比普通碳钢的膨胀系数高，所以更容易产生变形。

2. 拘束

如果焊件在焊接中没有外部拘束，它会通过变形来缓解焊接应力。因此，如在对接接头中加"背面支撑"，可以防止移动，减少变形。由于拘束在材料中产生较高的残余应力，因此将增大焊缝金属和热影响区产生裂纹的风险，特别是对裂纹敏感的材料。

3. 接头设计

对接焊缝和角焊缝都容易发生变形。在对接接头中，可以通过板厚平衡热应力来减少变形。例如，双面焊接优于单面焊。双面角焊缝应消除垂直板的角变形量，特别是在两个接头同时变形时。

4. 焊件组装

焊件组装应该均匀，以产生可预测和一致的收缩。接头间隙过大，也会增加变形度，因为需要填充的焊缝金属增加。接头应该有效固定，防止焊接过程中焊件间的相对运动。

5. 焊接工艺

焊接工艺对变形程度的影响主要是通过焊接热输入实现。由于焊接工艺通常是考虑到质量和生产率来选择的，焊工在减少变形方面的作用有限。通常，焊缝体积应保持在最小。同样，焊接次序和拘束应力图平衡在零件中性轴两侧产生的热应力应平衡。

任务实施

5.1.3　防止变形的基本措施

变形通常可以在设计阶段防止。例如，通过将焊缝置于中性轴两侧，减少焊缝数量,采用对称布置焊缝技术进行焊接。在设计阶段不可避免的变形,可通过焊件的预组装、焊件的预先反变形和施加拘束等方式防止。方法的选择受尺寸、焊件或组件的复杂程度、拘束设备的成本、限制残余应力的效果等影响。

生产中采用不同的组装技术来控制焊接变形。预调焊件可以让焊接变形实现整体校准,并将残余应力最小化,以控制尺寸。预弯曲焊接边缘以抵消变形,实现校准,并将残余应力最小化,以控制尺寸。在焊接中,通过夹具及固定装置、易曲钳夹、定位板和点焊来进行拘束,但是要考虑到裂纹的风险可能很大,特别是在全支撑焊接时。采用认可的焊接流程和去除拘束的工艺,有时需要预热来防止在焊件表面形成缺陷。

1. 预调焊件

预调好焊件,使其在焊接过程中可以自由移动,如图 5-3 所示。在实践中,根据组件预测的变形量预调好焊件,在焊接中出现的变形可以被抵消或使尺寸得到控制。与使用约束相比,它的主要优势是不需要昂贵的设备,并且结构中的残余应力比较低。

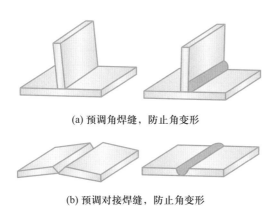

(a) 预调角焊缝,防止角变形

(b) 预调对接焊缝,防止角变形

图 5-3 预调焊件以确保焊后形成正确匹配

预调焊件时很难准确预测预变形量,因而需要大量试焊,而且焊接质量取决于操作水平。例如,在采用手工电弧焊或熔化极氩弧焊/熔化极活性气体电弧焊方法焊接对接接头时,接头间隙通常在焊接时不断收紧;采用埋弧焊时,接头在焊接时会张开。当实施试焊时,为了准确得到在实际生产中可能发生的变形量,选择能够合理代表结构全部尺寸的试件是非常重要的。因此,比较简单的焊件和组装采用预调技术施焊比较有效。

2. 焊件的预弯曲

在焊接前,预弯焊件是一种用于抵消焊接期间产生的收缩预应力的组装技术。如图 5-4 所示,通过在焊接前加支撑和楔块来预弯,抵消角变形。焊后,撤去楔块,让焊件恢复到校直形状。主视图显示的是用于预弯的设备斜撑和中心架,而不是焊件。可采用这种方法抵消焊接过程中产生的变形。

3. 采用拘束

由于采用预置和预弯的难度很大,所以工业生产中更常采用拘束方法。拘束方

图 5-4　使用支撑和楔块预弯以抵消薄板的焊接变形

法的基本原理是把焊件放置在合适的位置，采用约束固定，减少焊件在焊接过程中出现的任何偏移。当移除零件上面的约束设备，由于内应力的作用，焊件会出现较小的变形。这时再用在移去约束前设置小量的预调或应力消除释放的办法来解决。

当焊接组装件时，所有焊件应该置于正确的位置直到焊接完成，并采用一个合适的焊接顺序来减少变形。在拘束下进行焊接可能会产生导致裂纹的残余应力。当焊接敏感材料时，可以采用合适的焊接顺序和预热处理来减少这种风险。工件拘束相对简单，可使用焊接夹具及固定装置来支撑工件。

焊接夹具及固定装置在焊接中非常重要，用来固定焊件，并确保维持尺寸精度。焊接夹具的结构相对简单，如图 5-5（a）所示，但是焊接工程师需要确保焊接完成后，装置容易拆卸。

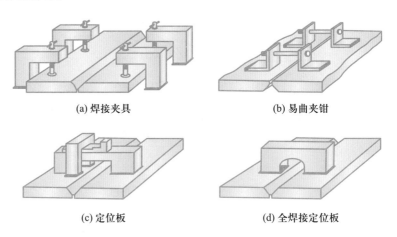

(a) 焊接夹具　　　　　　　　　　　(b) 易曲夹钳

(c) 定位板　　　　　　　　　　　(d) 全焊接定位板

图 5-5　常用的焊接夹具及固定装置

图 5-5（b）所示易曲夹钳也是焊接时常用的夹具，不仅可以有效用于约束，也可以用于设置和保持焊接间隙，用于弥合太宽的间隙。它的一个缺点是当被移除时，夹钳中的约束力将转移到焊件中，焊件中的残余应力可能会很高。

定位板（楔块）是应用拘束的一种常见方式，特别是在工地上。楔形定位板（图 5-5（c））可防止板材角变形，并能有效防止铝合金圆柱壳中的收缩。由于这种定位板允许横向收缩，与全焊接定位板相比较，它将极大降低裂纹风险。

全焊接定位板（双面焊接）：如图 5-5（d），可减少焊接角变形和横向收缩。但由于在焊接中会产生巨大应力，增大裂纹倾向，采用这种定位板时应格外小心。

5.1.4　防止变形的设计

在设计阶段，可以通过考虑减少焊接结构、焊缝布置、减少填充金属量、减少焊道数量、采用对称焊等方式来预防或者控制焊接变形。

1. 焊接结构设计

由于变形和收缩在焊接中是不可避免的，好的设计不仅需要焊接总量保持在最小的范围内，同时焊缝金属的熔敷量也应在最低。通常可以在设计阶段，通过金属板成形或使用标准轧制钢材消除焊接结构，如图 5-6 所示。

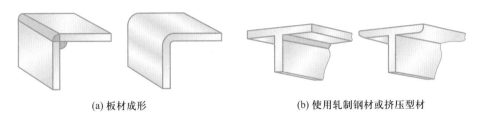

(a) 板材成形　　　　　　　　　(b) 使用轧制钢材或挤压型材

图 5-6　使用材料消除焊接结构

使用轧制钢材或挤压型材消除焊接结构。对于不可避免的焊缝设计，可以考虑采用间断焊缝而不是连续焊缝，以减小焊接量。例如，在附加的补强板中，通常可以在维持足够的强度的情况下，极大地削减焊接量。

2. 焊缝布置

为减少焊接变形，设计时合理布置和平衡焊缝分布很重要。焊接位置与结构的中性轴越接近，收缩力和最终变形的杠杆效应就会越低。图 5-7 中焊缝位置不同，最终变形量差别明显。通过在中性轴附近布置焊接，可以显著减少变形。由于绝大多数焊缝在中性轴之外熔敷，可以通过结构设计来减少变形，通常在中性轴另一侧放置另外一条焊缝来平衡各条焊缝的收缩力。可能情况下，焊接应该在两侧交替实施，而不是仅在一侧依次完成所有焊缝。在较大的结构中，如果变形容易在一端出现，可能需要采取纠正措施。例如，通过增加另一端的焊接量来控制整个变形。

3. 减少填充金属量

为了减少变形，也为了经济原因，焊缝金属的容量应该控制在设计需要的范围内。对于单面焊接，焊缝的横截面应该尽量保持在一个小的尺度内，以减少角变形，不同焊缝容量的变形情况如图 5-8 所示。减小填充金属量和采用单道焊接，是减少角变形和横向收缩最有效的方法。

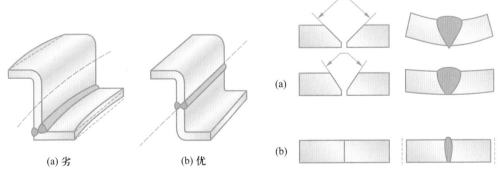

(a) 劣　　　　　　(b) 优

图 5-7　通过中性轴附近布置焊接，可以减少变形　　　图 5-8　减少角变形和横向收缩量

为生产出变形量小的接头，焊接接头加工的坡口角度和根部间隙应该减小至最小值。但是为了提高焊接速度，有时设计较大的根部间隙和较小的坡口角。通过减小焊缝根部和焊缝表面熔敷金属量的差异，角变形也将相应减少。熔深较大的单一焊道对接接头的角变形较小，特别是封闭的对接接头。例如，薄板材料可采用等离子弧和激光焊接工艺焊接，在立焊位置的厚板，采用电气焊和电渣焊工艺。尽管角变形可以消除，仍然存在纵向和横向收缩。在厚板材料中，由于双面 V 形接头加工的横截面面积通常只有单面 V 形的一半，可以从根本上减少熔敷金属量，同时因为双面 V 形接头采用对称焊，可以消除角变形。

由于焊接收缩量与填充金属量是成比例的，不合理的接头组装和过度焊接都会增加变形量，特别是角焊缝中的角变形。由于焊缝设计强度取决于焊缝厚度，过度焊接产生的凸焊缝并不能增加设计强度，但是却会增加收缩和变形量。

4. 减少焊缝数量

对于一定的焊缝金属熔敷量，焊道越少越好还是越多越好尚无定论。经验表明，对于单面对接焊缝或者是单面角焊缝，采用单一焊道熔敷比多焊道熔敷产生的角变形量少。通常，在无约束的接头中，角变形的程度基本与焊道数目成反比。采用少道次大焊道完成的接头，比采用多道次小焊道会产生更大的纵向和横向收缩。在多道焊中，先熔敷的焊道金属会给后焊焊道提供约束，所以，每层焊道的角变形随着焊道的堆叠而减少。大熔敷量也会增加塑性屈服的风险，这在薄板焊接时尤为显著。

5. 采用对称焊接

在多层对接焊中，对称焊接是控制角变形的一种有效措施。它是在焊接过程中通过安排合理的焊接顺序确保角变形相互抵消，而不是逐渐堆积。对称焊产生的角变形量与先焊完接头的一面再焊另一面产生的角变形量如图 5-9 所示。对称焊接技术也可用于角接接头。如果不具备双面对称焊的条件，或者必须首先完成一面的焊接，可能要采用非对称性坡口加工，要在第二面熔敷更多的焊缝金属。第二面熔敷的焊缝金属收缩越大，就越能抵消第一面产生的变形。

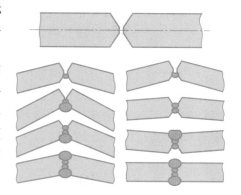

图 5-9 对称焊接以减少角变形

6. 实际生产中一般采用的做法

下列设计原则可以控制变形。

① 通过板材塑性成形和使用轧制钢材或挤压型材来取代焊接结构。

② 减少焊缝熔敷的金属量，不要过度焊接。

③ 优先选用断续焊道而不是连续焊道。

④ 将焊缝设计在中性轴位置。

⑤ 在焊件中部，使用双面 V 形焊接而不是单面 V 形焊接来对称焊接。

采用上述方法可以显著提升成本效益。例如，设计的焊脚长度为 6 mm，焊接时焊脚长为 8 mm，焊接中将需要额外熔敷 57% 的金属。这样不但浪费熔敷金属，而且增加变形风险，并且清理这些多余的焊缝金属成本也很高。尽管这样，控制变形的设计有时候会需要额外的加工成本。例如，采用双 V 形坡口加工能大幅减小焊接量和有效控制变形，但是在实际生产中，焊工处理焊件背面的操作会产生额外的费用。

提示
生产过程中翻转
工件会增加成本。

5.1.5　防止变形的加工技术

1. 装配技术

通常，焊工不能决定焊接工艺的选择，但是装配技术常常可以减少变形，从而发挥很大作用。装配技术的要点有：定位焊、背对背装配、刚性固定。

（1）定位焊

定位焊是设置和控制焊接间隙的一种理想选择，同时也可用于防止横向收缩。为了使定位焊发挥作用，需要考虑它们的数目、长度和相邻两条定位焊缝之间的距离。定位焊太少或太短会增加焊件接头间隙在焊接过程中逐渐合拢的风险。在采用 MIG/MAG 的长焊缝中，接头边缘甚至会重叠。当采用埋弧焊工艺时，应该更加注意，如果定位不充分，接头可能会张开。定位焊的焊接顺序在保持长焊缝根部间隙的一致性上起非常重要的作用。图 5-10 提供了 3 个可以选择的定位焊顺序：

① 定位焊直通焊至接头末端。这种方法需要夹紧板材或者采用楔块在定位焊中保持焊接间隙，如图 5-10（a）所示。

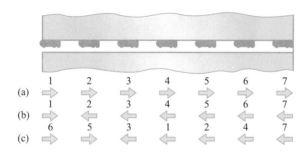

图 5-10　利用定位焊防止横向收缩

② 在一头定位焊，然后采用逐步退焊技术定位剩余的接头，可以参考图 5-10（b）。

③ 中心定位焊，通过逐步退焊法完成定位焊，如图 5-10（c）所示。直通定位焊是控制焊接间隙的一种有效方法，可以弥合太宽的焊接间隙。

定位焊时，重要的是定位焊缝将成为主焊缝的一部分，所以要挑选合格的焊工来操作定位焊过程。这个过程可能需要预热，并且要采用主焊缝中规定的焊接耗材。清除定位焊时也需要小心控制，避免在焊件表面形成缺陷。

（2）背对背装配

通过定位焊或背对背夹住两个零件，然后进行两个零件的焊接，可以组合装配的中性轴附近保持平衡（图 5-11（a））。同时，建议在定位装置拆开之前消除装配应力。如果没有消除应力，需要在零件间插入楔块（图 5-11（b）），当移除楔块时，零件会恢复到正确的形状或对准位置。

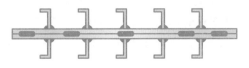

(a) 在焊接前，装配定位到一起

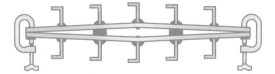

(b) 在焊接后，在各个变形的零件上使用楔块

图 5-11　背对背装配法控制焊接变形

（3）刚性固定

在加工薄板结构时，对接焊缝的纵向收缩常常导致翘曲。在沿着焊缝的各个边焊接时（图 5-12），板状或角钢纵向加强肋对防止纵向翘曲很有效。加强肋的位置很重要，它们必须离焊缝足够远，或者放置在焊接面的背面，这样才不会妨碍焊接操作。

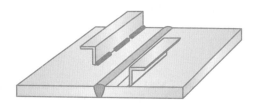

图 5-12　薄板焊接时采用纵向加强肋防止出现翘曲

2. 焊接工艺

合理的焊接工艺通常由生产率和质量需求决定，而不是由控制变形的需求决定。但是焊接过程、方法和焊接顺序都影响焊接变形程度，继而影响焊接质量。

焊接过程中选择工艺以防止角变形的一般原则有：尽量快速地熔敷焊缝金属；使用数量最少的焊道来填充焊缝。不过，根据这些原则选择的焊接过程，可能会增加由纵向收缩引起的弯曲和扭曲。熔化极惰性气体保护电弧焊/熔化极活性气体保护电弧焊的快速熔敷工艺比焊条电弧焊优越。采用大直径焊条（MMA 中）或较大的电流规范（MIG/MAG 中）形成的接头不容易产生未熔合缺陷。气焊过程由于加热速度慢并且热量容易扩散，通常比电弧焊产生更大的角变形量。采用能量集中的激光焊、电子束焊等方法比电弧焊具有更小的变形量。

防止变形的一般措施有：将焊缝（焊脚）保持在规定的最小尺寸；在中性轴采用平衡焊；将焊道间的时间保持在最短（控制层间温度）。

在没有约束的情况下，不管在角焊缝还是对接焊缝中，角变形都是焊接参数、给定横截面的焊接尺寸和焊道数目的函数。对于焊脚长度为 10 mm 的角焊缝的角变形量（以度来衡量）和焊道数目的函数关系如图 5-13 所示。

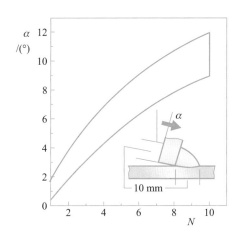

图 5-13　角焊缝中的角变形由焊道的数目决定

如果可能，在中性轴附近实施对称焊，如双面角焊缝，可以同时从两面焊接。在对接焊缝中，焊道顺序很关键，采用对称焊可以在角变形产生的时候就进行矫正。

焊接顺序和方向很重要，焊接方向一般选择朝向焊缝的自由端。对于长焊缝，整条焊缝可以设计成不同焊接方向多次完成。短焊道，采用退焊或跳焊技术对于控制角变形非常有效。图 5-14 所示为退焊和跳焊的方向和顺序。

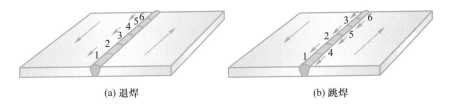

(a) 退焊　　　　　　　　　　　　　　　(b) 跳焊

图 5-14　用焊接方向控制变形

图 5-14（a）所示为采用相反的焊接方向熔敷相邻的短焊缝而形成主焊缝的退焊方法。图 5-14（b）所示为跳焊的方法，是预先设定、均匀分布的，沿着焊缝的方向布置多段短的焊缝形成主焊缝，每段焊缝的方向相同。跳焊实施过程需要多次引弧，因此在自动化焊接过程中不常用。

3. 实际中一般做法

下面的装配方法可用于控制变形。

① 使用定位焊设置和维持焊接间隙。

② 确定零件背对背焊接，使焊缝在中性轴两侧对称。增加一个纵向加强肋，防止薄板在对接焊缝中纵向弯曲。

③ 在选择焊接工艺时，应选择能最快熔敷焊缝金属的工艺和方法；MIG/MAG 比焊条电弧焊或气焊优越，尽量采用机械焊而不是手工焊。

④ 在长焊道中，整条焊缝不应该在一个方向完成，可以采用退焊或跳焊技术。

5.1.6 变形的矫正方法

应该尽一切努力在设计阶段通过采用合适的加工工艺来避免变形。由于在装配过程中，并不是每次都可以避免所有可能出现的变形，所以可以采用多个行之有效的方法矫正变形。不管怎样，不应该轻易返工矫正变形，因为矫正费时费力，并且需要较高的技能来避免损坏工件。

在这个问题上，下述方法提供了采用机械加工或热加工来纠正变形的一般指导。

1. 机械方法

常用的机械矫正方法是锤击法和压力法。锤击可能导致工件表面损坏，使工件硬化。在弯曲或角变形的情况下，整个焊件可以通过碾压矫直，这种方法没有锤击带来的缺点。在焊件和压力板之间插入垫片，并施加足够的压力，使焊件在弹性变形回复后恢复到正确的形状。

图 5-15 所示为用压力法来矫正折边板中的弯曲。在条形焊件中，通过一系列递增的压力可逐渐消除变形；每个压力通过较短的长度起作用。在折边板中，负荷应该施加在折边上，防止加载点腹板的局部损坏。由于在递增的点载荷下生产的焊件只是接近平直，最好使用一个成形机以获得直的焊件或者生产光滑的弧线。

当使用压力法消除变形时，需要注意以下几点。

① 使用垫片矫正变形，确保弹性回复会使焊件恢复到正确形状。

② 在加压时检查焊件是否有足够的支撑，以防止发生扭曲。

③ 使用锻模（或轧辊）将焊件矫直或卷曲。

④ 在加压时不固定的垫片可能会飞出，应采用一些安全措施。例如，将垫片固定到机床面上；放置一块厚度足够大的金属挡板，以阻止试件飞出伤人；驱散危险区域的人员。

2. 热加工法

热加工法的基本原理是产生足够的局部高压，冷却时，使焊件能消除原有的变形。它是通过局部加热，使材料达到塑性变形温度，因为温度较高，低屈服强度的材料在达到一定温度时会膨胀，挤压周围温度较低的、高屈服强度的材料。冷却到室温时，加热区域将收缩到比加热前更小的尺寸。加热后冷却时产生的应力将使焊件恢复到需要的尺寸，如图 5-16 所示。

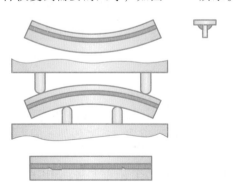

图 5-15 采用压力法矫正 T 形对接焊缝中的弯曲

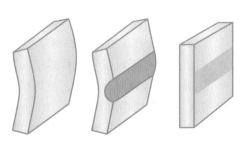

图 5-16 局部加热矫正变形

局部加热虽然相对简单，但是它是矫正焊接变形的一种有效方式。收缩程度由加热区域的尺寸、数目、位置和温度决定。加热区域的面积根据板的厚度和尺寸决定。加热区域的数目和放置，很大程度上靠经验来决定。对于新的工件，常常需要实验来评定收缩的程度。点状、线状或者三角形加热技术都可以用于热变形矫正。

例如，当相对薄的板材和刚性大的结构焊合时，使用点状加热来消除褶皱，如图 5-17 所示。通过局部加热凸面来矫正变形，如果凸起规则，应有序地安排加热点，从凸起中心开始，向四周扩散。

通常采用线状加热来矫正角变形，例如，在角焊缝中（如图 5-18 所示），沿着零件的焊缝轴线加热，在焊缝的背面，产生的应力将翘起拉平。

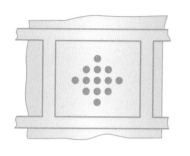 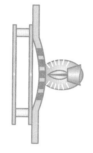 

图 5-17　点状加热来矫正屈曲　　　　图 5-18　线状加热矫正角变形

为了矫正大型复杂结构的变形，除运用线状加热外，还需要加热整个区域。这种方式旨在收缩结构的某部分，让结构恢复原形。

与点状加热薄板不同，厚板采用三角形加热（如图 5-19 所示），从底边到顶角，加热温度在厚度方向上均匀分布。对于较厚板材，有时需要使用两个火炬，一边一个。对于一般弯板的矫直，三角形高度是板宽度的三分之二；三角形宽度（底边）是其高度（底边到顶角）的六分之一。例如，3 m 长的板材的矫直刻度通常是 5 mm。图 5-20 所示为不同情况下采用三角形加热校正变形。

标准轧制钢型材翘曲变形，需要在两个面上矫正，如图 5-20（a）所示。

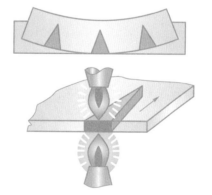

图 5-19　采用三角形加热矫直板材

由于更换轧辊，在板边缘造成弯曲变形，可在一边采用三角形加热矫正变形，如图 5-20（b）所示。

框形结构变形，翘离所在平面可在两个对角上进行加热矫正，如图 5-20（c）所示。

如果加热中断或热散失，操作员必须让钢材冷却后，再开始操作。当采用热技术矫正变形时，可使用下列方式。

① 在薄板结构中，采用点状加热，消除波浪凸起。

② 不同于薄板的局部加热，采用三角形加热的方法。

提示

使用热加工矫正技术的风险是，如果加热温度太高，会让某个区域过度收缩或者导致金相组织改变。矫正钢材变形时，温度应限制在 60～650℃，通常把钢材加热至暗红色。

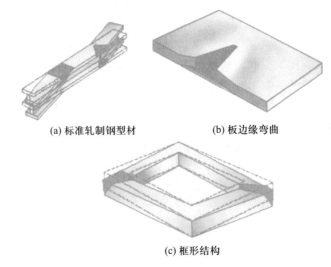

(a) 标准轧制钢型材　　　　(b) 板边缘弯曲

(c) 框形结构

图 5-20　三角形加热矫正变形

③ 采用线状加热矫正板材角变形。

④ 为了避免焊件的过度收缩，限制加热面积。

⑤ 加热温度限制在 60~650℃，防止破坏金属组织。

⑥ 在三角形加热中，从底边到顶角以及材料厚度方向上的温度应该均匀。

任务 2　2 mm 板 I 形坡口对接平焊

任务分析

课件
2 mm 板 I 形坡口对
接平焊

I 形坡口对接焊接头是最简单的接头形式，可通过气割、切割等简单加工即获得接头材料。本任务以最简单的焊接形式完成焊接操作。

任务实施

5.2.1　焊接操作要点

1. CO_2 气体保护焊的焊枪姿态

按照焊接作业时焊枪的移动方向（向左或向右），CO_2 气体保护焊的操作可分为左向焊法和右向焊法两种，如图 5-21 所示。

实际生产中，手工焊一般都采用左向焊法。采用左向焊法时能够得到较大的熔宽、焊缝成形也比较平整美观。而采用右向焊法时，熔池可见度及气体保护效果都比较好。机器人焊接一般采用左向焊。整个焊接过程中，在焊枪匀速前进的同时，可以根据间隙大小设置摆幅一致的横向摆动。

2. CO_2 气体保护焊时常用的焊枪摆动形式

为控制焊缝的宽度和保证熔合质量，在进行 CO_2 气体保护焊施焊时，有时焊枪

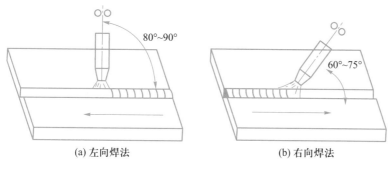

图片
焊接角度

(a) 左向焊法　　　　　　　　(b) 右向焊法

图 5-21　左向焊法和右向焊法及焊丝角度

图片
平焊缝

也要横向摆动。通常，为了减小热输入、热影响区，减小变形，不应采用大的横向摆动来获得宽焊缝，应采用多层多道焊来焊接厚板。焊枪的主要摆动形式见表 5-1。

表 5-1　焊枪的主要摆动形式

应用范围及要点	摆动形式
薄板及中厚板打底焊道	
薄板根部有间隙，坡口有钢垫板时	
坡口小时及中厚板打底焊道，在坡口两侧需停留 0.5 s 左右	
厚板焊接时的第二层以后的横向摆动，在坡口两侧需停留约 0.5 s	
多层焊的第一层	
坡口大时，在坡口两侧需停留 0.5 s 左右	

3. CO_2 气体保护焊的引弧和收弧操作技术要领

在进行 CO_2 气体保护焊时，通常采用短路接触法引弧，如图 5-22 所示。由于引弧操作不当时，往往会造成焊丝成段地爆断。所以引弧前要把焊丝伸出长度控制好，引弧前先点动示教器上的送丝信号或点动送丝快捷键，送出一段焊丝，长度以焊丝直径的 10~15 倍为宜，焊丝越细，伸出长度倍数应该越小，如果焊丝端部有粗大的球形头，应用钳子剪掉，剪成斜口。焊接和示教时，调整好焊接姿态，焊丝端部对准起弧位置，焊丝端部距离工件 10~20 mm。

CO_2 气体保护焊机有弧坑控制电路，焊枪运动轨迹在收弧处要稍做停留，调用收弧参数，接通弧坑控制电路后，焊接电流与电弧电压自动变小，待熔池填满时断电，然后稍抬焊枪并停留几秒，这样就可以使熔滴金属填满弧坑，并使熔池金属在未凝固前仍受到气体的保护。如果收弧过快，容易在弧坑处产生裂纹和气孔。

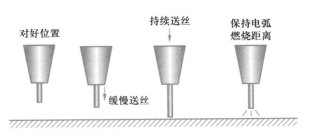

图 5-22　引弧过程示意图

4. CO$_2$ 气体保护焊在各种位置下的操作要领

CO$_2$ 气体保护焊多采用左向焊法。薄板对接焊，焊枪直线运动，如果有间隙，焊枪可作适当的横向摆动，但幅度不宜过大，以免影响气体对熔池的保护作用，中厚板 V 形坡口对接焊，底层焊缝应采用直线运动，焊上层时可作适当的横向摆动。

平角焊和搭接焊，采用左向焊法或右向焊法都可以，不过右向焊法的外形较为饱满。焊接时，要根据板厚和焊脚尺寸来控制焊枪的角度。不等厚焊件的 T 形接头平角焊时，要使电弧偏向厚板。以使两板均匀加热。等厚板焊接时，如果焊脚尺寸小于 5 mm，可将焊枪对准夹角处，位置如图 5-23（a）所示。当焊脚尺寸大于 5 mm 时，需将焊枪水平偏移 1~2 mm，同时焊枪与焊接方向保持 75°~80°的夹角，如图 5-23（b）所示。

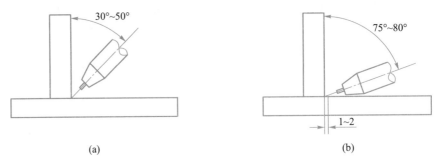

图 5-23　T 形接头平焊时焊丝角度

立焊和横焊在机器人焊接时很少使用，这里仅简要介绍。立焊有两种操作方法，一种是由下向上焊接，焊缝熔深较大，操作时焊枪适当地三角形摆动，可以控制熔宽，并可改善焊缝的成形，这种焊法一般用于中厚板的细丝焊接；另一种是由上向下焊接，速度快，操作方便，焊缝平整美观，但熔深浅，接头强度较差，一般用于薄板焊接。横焊多采用左向焊法，焊枪直线运动，也可小幅度往复摆动。立焊和横焊时，焊枪与焊件的相对位置如图 5-24 所示。

5.2.2　2 mm 板 I 形坡口对接平焊实施

1. 焊前准备

（1）装配及定位焊

装配间隙小于 0.5 mm，定位焊如图 5-25 所示。焊接前将装配好的工件用夹具夹紧，固定到工作台上。

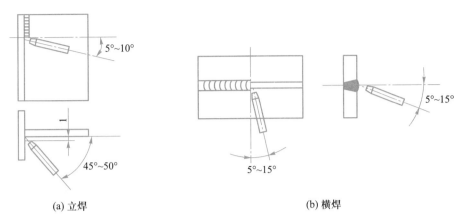

(a) 立焊　　　　　　　　　　　　　　(b) 横焊

图 5-24　立焊和横焊时焊枪的角度

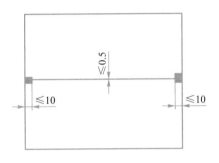

图 5-25　装配与定位焊

焊接参数见表 5-2。

表 5-2　焊 接 参 数

焊丝直径/mm	焊丝伸出长度/mm	焊接电流/A	电弧电压/V	焊接速度/(m·min⁻¹)	气体流量/(L·min⁻¹)
0.8	10~15	60~70	17~19	4~4.5	8~10

（2）焊接要点

采用左焊法，单层单道焊，焊枪角度如图 5-26 所示。

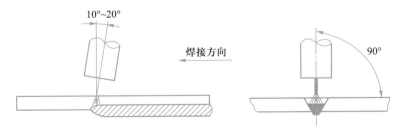

图 5-26　对接平焊焊枪角度

2. I 形坡口对接平焊编程及程序解读

根据焊件结构特点，规划轨迹和示教点，进而确定机器人示教轨迹和示教点，如图 5-27 所示。

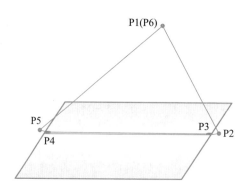

图 5-27 I 形坡口对接平焊示教点

P1—P2—P3 区间为空走区间，其中示教点 P1 为机器人初始位置，示教点 P2 为焊接接近点，示教点 P3 为焊接开始点。

P3—P4 区间为焊接区间，其中示教点 P4 为焊接结束点。

P4—P5—P6 区间为空走区间，其中 P6 点要与 P1 点重合。

按照图 5-27 所示示教轨迹进行示教编程后，示教器主窗口中生成示教再现程序，见表 5-3。

表 5-3 I 形接头平角焊示教程序

语句行	程序语句	注释
1	Ixing Ping han.prg	程序名称
2	1: Mech: Robot	运动机构设置
3	Begin of program	程序开始
4	TOOL=1: TOOL01	末段工具设置
5	MOVEL P1, 10.00 m/min	示教点 1（空走点）
6	MOVEL P2, 10.00 m/min	示教点 2（空走点）
7	MOVEL P3, 3.00 m/min	示教点 3（焊接开始点）
8	ARC-SET AMP=60 VOLT=17 S=4.5	焊接规范参数，分别为焊接电流（A）、焊接电压（V）及焊接速度（m/min）
9	ARC-ON ArcStart1.prg RETRY=0	焊接开始指令
10	ArcL P4, 3.00 m/min	示教点 4（焊接结束点），在 P3 至 P4 区间机器人焊接速度 S=3 m/min 行进
11	CRATER AMP=100 VOLT=15.8 T=0.3	焊接收弧规范参数

续表

语句行	程序语句	注释
12	ARC-OFF ArcEnd1, prg RETRY=0	焊接结束指令
13	MOVEL P5, 3.0 m/min	示教点 5（空走点）
14	MOVEL P6, 10.0 m/min	示教点 6（空走点）
15	END of program	程序结束

操作人员对示教程序进行再现操作，观察机器人是否按照示教轨迹运行，如果提示示教错误或发现示教不理想，应及时修改程序。

任务3　12 mm 板 V 形坡口对接平焊

任务分析

厚板焊接填充熔敷金属量大，焊接热输入量高，所以变形也大，因此须对构件严格按工艺条件选择合理的焊接坡口形式，尽量选用双面坡口形式，只能单面焊接的焊缝选用窄间隙坡口形式，减少焊接热输入总量，能有效减小焊接变形。因此，必须选择合理的结构形式和焊接工艺。采用 CO_2 气体保护焊的热量输入相对较小，采用分段焊法避免焊缝局部加热集中，利用刚性拘束控制焊接变形。

📀课件
12 mm 板 V 形坡口对接平焊

相关知识

5.3.1　焊接坡口

焊接材料选为 12 mm 厚的 Q235 钢板，为保证焊透，需要在焊边开坡口，坡口角度为 30°钝边 0.3~0.5 mm。

坡口加工形式和尺寸应按照设计文件或者焊接工艺卡规定要求进行。可以采用等离子切割，氧乙炔切割等热加工方法。在热加工方法加工坡口后，除去坡口表面的氧化皮、熔渣及影响接头质量的表面层，并将凹凸不平部分打磨平整。坡口加工后的表面不得有裂纹、分层等缺陷。

任务实施

5.3.2　多层多道焊工艺

焊枪角度与焊法：采用左焊法，二层焊道，焊枪角度与图 5-26 相同。

试板位置：焊前先检查装配间隙是否合适，试板是否放在水平位置，工装夹具是否牢固。

打底焊要求同 2 mm 板 V 形坡 I 口对接平焊。焊打底焊道时，除注意反面成形外，还要控制好正面焊道的形状和高度，需注意以下两点。

图片
焊缝连接 1

① 焊道表面要平整，两侧熔合良好，最好处于焊道的中部稍下，以免盖面时两侧夹渣。

② 不能熔化试板表面的棱边，打底焊道离试板上表面 2 mm 左右时较好。

盖面焊：焊接过程中，焊枪除保持原有角度和喷嘴高度外，还应设置摆动，增大焊接电流和焊接速度，保证熔池两侧超过坡口上表面棱边 0.5～1.5 mm，并匀速前进。

图片
焊缝连接 2

5.3.3 12 mm 板 V 形坡口对接平焊实施

1. 装配间隙与定位焊

装配间隙与定位焊如图 5-28 所示，将装配好的工件用夹具夹紧、固定到工作台上。

图片
焊缝连接 3

图 5-28 装配间隙与定位焊

图片
焊缝连接 4

2. 焊接参数与路径规划

焊丝牌号 H08Mn2Si，焊丝直径为 1.2 mm，焊接参数见表 5-4。

表 5-4 机器人焊接参数

层次	焊接电流 /A	电弧电压 /V	气体流量 /(L·min⁻¹)	干伸长 /mm	层间冷却时间 /min	焊接速度 /(m·min⁻¹)	摆动形式	摆动长度 /mm	摆动宽度 /mm	焊接时间 /min	焊枪角度 /(°)	焊接方向
打底层	115~125	19.5	12~20	12~20	5	0.07	Z形	3	3.2	2	90	从右至左
盖面层	125~135	20	12~20	12~20	—	0.12	Z形	3.5	5.2	3	90	从右至左

图片
焊缝连接 5

12 mm 厚板焊接采用两道焊，分别为打底焊和盖面焊。路径规划如图 5-29 所示。

3. 焊接程序

焊接程序见表 5-5。

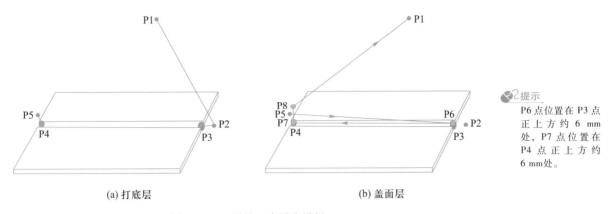

(a) 打底层   (b) 盖面层

提示
P6 点位置在 P3 点正上方约 6 mm处，P7 点位置在 P4 点正上方约 6 mm处。

图 5-29 V 形坡口多层多道焊

表 5-5 V 形坡口平角摆动焊示教程序

语句行	程序语句	注释
1	Vxing Baidong han.prg	程序名称
2	1: Mech: Robot	运动机构设置
3	Begin of program	程序开始
4	TOOL=1: TOOL01	末段工具设置
5	MOVEL P1, 10.00 m/min	示教点 1（空走点）
6	MOVEL P2, 10.00 m/min	示教点 2（空走点）
7	MOVEL P3, 3.00 m/min	示教点 3（焊接开始点）
8	ARC-SET AMP = 120 VOLT = 19.5 S = 0.07	焊接规范参数，分别为焊接电流（A）、焊接电压（V）、焊接速度（m/min）
9	WEAVE-SET weave1 Shape=1 type=1 length=3 Width=3.2	摆动规范参数，分别为摆动类型（Z 型）、摆动类型（5、6 轴摆动）、摆动长度（3 mm）、摆动宽度（3.2 mm）
10	ARC-ON ArcStart1.prg RETRY = 0	焊接开始指令
11	ARCL P4, 0.07 m/min	示教点 4（焊接结束点），在 P3 至 P4 区间机器人焊接速度 S=0.07 m/min 行进
12	CRATER AMP=130 VOLT=15.8 T=0.3	焊接收弧规范参数
13	ARC-OFF ArcEnd1, prg RETRY=0	焊接结束指令
14	MOVEL P6, 3.0 m/min	示教点 6（空走点）
15	ARC-SET AMP=120 VOLT=20 S=0.07	焊接规范参数，分别为焊接电流（A）、焊接电压（V）及焊接速度（m/min）

续表

语句行	程序语句	注释
16	WEAVE-SET weave1 Shape=1 type=1 length=3.5 Width=5.2	摆动规范参数，分别为摆动类型（Z 型）、摆动类型（5、6 轴摆动）、摆动宽长度（3.2mm），摆动宽度（5.2mm）
17	ARC-ON ArcStart2.prg RETRY=0	焊接开始指令
18	ARCL P7, 0.12 m/min	示教点 7（焊接结束点），在 P6 至 P7 区间机器人焊接速度 $S=0.12$ m/min 行进
19	CRATER AMP=100 VOLT=15.8 T=0.3	焊接收弧规范参数
20	ARC-OFF ArcEnd1, prg RETRY=0	焊接结束指令
21	MOVEL P8, 3.0 m/min	示教点 8（空走点）
22	MOVEL P1, 10.0 m/min	示教点 1（空走点）
23	END of program	程序结束

操作人员对示教程序进行再现操作，观察机器人是否按照示教轨迹运行，如果提示示教错误或发现示教不理想，应及时修改程序。

总　结

本项目首先讲解了焊接变形的基本概念，机器人焊接时多采用增加拘束的办法来约束焊接变形。本项目子任务中，分别针对薄板和厚板进行了焊接工艺的整体制定和实施，包括焊接装配，焊接参数的选择以及机器人焊接摆动设置，焊接路径规划等，详细讲解了机器人焊接工艺的制订步骤和注意事项。

习　题

一、单项选择题

1. 改变拘束距离和板厚，可以调节焊件拘束度的大小，当拘束距离越小，板厚越大时，则拘束度（　　）。

A. 越大　　　　　　B. 越小　　　　　　C. 不变　　　　　　D. 为零

2. 焊接薄板时，压缩力随焊缝尺寸和焊接热输入量的增加而（　　）。

A. 减少　　　　　　B. 增加　　　　　　C. 不变　　　　　　D. 为零

3. 一般来说，焊件板厚越大，所造成的拘束度将（　　）。

A. 越大　　　　　　B. 越小　　　　　　C. 不变　　　　　　D. 为零

4. 钢材火焰矫正的加热温度最低可到 300℃，最高温度要严格控制，一般不超过（　　）℃

A. 600　　　　　　B. 700　　　　　　C. 800　　　　　　D. 900

5. 焊缝不在焊件的中性轴上，焊后易产生（　　）变形。

A. 角　　　　　　B. 挠曲　　　　　　C. 波浪　　　　　　D. 扭曲

6. 为了减小焊件的焊接残余变形，选择合理的焊接顺序的原则之一是（　　）。

A. 对称焊　　　　　　　　　　B. 先焊收缩量大的焊缝

C. 直通焊　　　　　　　　　　D. 尽可能考虑焊缝能自由收缩

7. 在平板全长上堆焊的焊缝，横向收缩是沿着焊缝方向由小到大逐渐增加的，到一定长度后（　　）。

A. 剧增　　　　　　B. 趋于稳定　　　　　　C. 剧减　　　　　　D. 略微下降

8. 分段退焊法可以（　　）。

A. 减小应力　　　B. 减小变形　　　C. 提高冲击韧度　　　D. 降低强度

9. 焊接坡口形式和大小主要由焊件的焊接方法和（　　）等决定的。

A. 钢种　　　　　　B. 板厚　　　　　　C. 焊条　　　　　　D. 电流

10. 线状加热的火焰矫正法主要用于（　　）的矫正。

A. 薄板结构　　　B. 波浪变形　　　C. 收缩直径　　　D. 弯曲变形

二、填空题

1. 焊件焊接时，应尽可能考虑焊缝能自由收缩，对大型焊件的焊接，应按照____顺序进行焊接。

2. 对带肋板的工字梁，如果先进行_____的焊接，再_____进行_____的焊接，则翼板和腹板角焊缝内的应力会很小（翼板、腹板、肋板）。

3. 对焊接结构进行回火处理是消除内应力的最好办法，回火温度在_____℃。

4. 焊件上的残余应力都是_____应力。

5. 挠度 f 是指焊件在焊后的_____最大距离。

三、判断题

1. 焊缝在焊件中的不对称布置，容易引起角变形。（　　）

2. 焊接接头重心与焊件截面重心不重合，容易引起角变形。（　　）

3. 焊缝在焊件中的对称布置，不仅引起收缩变形，而且还引起角变形。（　　）

4. 焊件坡口尺寸越大，填充金属越多，变形就越大。（　　）

5. 1 m 以上的长焊缝，采用从中心向两端焊或逐段跳焊，焊后变形最小。（　　）

6. 平板对接焊时，横向应力与离开焊缝距离无关，应力值保持最大值不变。（　　）

7. 焊件的残余应力只影响结构的形状、尺寸的稳定，不会影响结构的疲劳极限。（　　）

8. 压力容器焊后热处理的目的是消除焊接残余应力和改善热影响区的组织性能。（　　）

9. 薄板焊后的波浪变形，可采用点状加热来矫正，加热点分布在产生波浪的部分。（　　）

10. 如果焊件在焊接过程中产生的压应力大于材料的屈服点，则焊后不会产生焊接残余变形和残余应力。(　　)

四、简答题

1. 引起接头变形的原因是什么？

2. 在焊接接头中，有焊接残余应力引起的变形有哪些？　说出焊接应力的产生的 3 个方向。

3. 简述四种控制焊接变形的方法。

4. 影响焊接变形的因素有哪些？

五、操作题

1. 用机器人进行薄板零件的焊接。

2. 用机器人进行厚板零件的多层多道焊。

习题答案

项目 5

項目 **6**

ABB 机器人熔化极气体保护焊

利用焊丝与工件间产生的电弧作为热源，将焊丝和母材金属熔化的焊接方法，称为熔化极气体保护焊。利用 Ar 氩气或者 Ar+He 等富氩气体作为保护气体，以连续送进的焊丝做填充焊接材料，用燃烧于焊丝端部和工件之间的电弧作为热源的电弧焊，称为熔化极惰性气体（metal inert gas，MIG）保护电弧焊，简称 MIG 焊。如果在惰性气体中加入少量活性气体，如 O_2、CO_2，组成混合气体保护，称为熔化极活性混合气体（metal active gas，MAG）保护电弧焊，简称 MAG 焊。它们合称 MIG/MAG 焊，是焊接机器人最常用的焊接方法。

学习目标

📖 知识目标
- 掌握 MIG/MAG 焊的原理和特点。
- 了解 MIG/MAG 焊的气体特点和适用范围。
- 掌握 ABB 机器人 MIG/MAG 焊的工艺特点。
- 掌握机器人 T 形接头的焊接方法。
- 掌握机器人管板对接接头的焊接方法。

☑ 技能目标
- 了解 MIG 焊、MAG 焊的设备。
- 掌握 MIG 焊、MAG 焊的气体选用方法。
- 掌握 T 形接头的装配工艺。
- 掌握管板接头的装配工艺。
- 掌握工业机器人 MIG 焊、MAG 焊的方法。

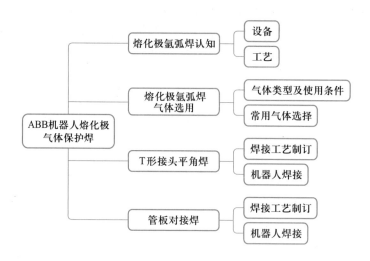

任务 1　熔化极氩弧焊认知

任务分析

MIG/MAG 广泛应用于航空航天、原子能、电力、石油化工、机械制造、仪器仪表等领域，涵盖薄板及中、厚板的焊接作业。MIG/MAG 可以用来焊接碳钢、各种合金钢、不锈钢、耐热钢、铝及铝合金、镁及镁合金、铜及铜合金、钛及钛合金等金属，特别适用于焊接不锈钢、铝、镁、铜、钛、锆等活泼性金属及其合金，焊接方法适用于平焊、立焊、仰焊、全位置焊等各种情况。

相关知识

6.1.1　熔化极惰性气体保护电弧焊的特点

熔化极惰性气体保护电弧焊如图 6-1 所示，具有下列特点。

1. 熔化极惰性气体保护焊优点

（1）几乎可以焊接所有金属

由于使用惰性气体保护 MIG 焊几乎可以焊接所有金属，如铝、镁、铜、钛、镍及其合金，以及碳钢、不锈钢、耐热钢金属。

（2）焊接生产率高、焊接变形小

MIG 焊与 TIG（tungsten inert gas，非熔化极惰性气体）焊相比，允许使用的电流大，所以焊接熔深大，焊接生产率高，焊接变形小。另外，MIG 焊无焊渣，节省了焊渣清理时间。

（3）焊接铝、镁及其合金时，有破膜作用

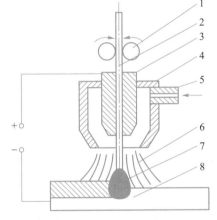

1—送丝轮；2—焊丝；3—导电嘴；4—喷嘴；
5—进气管；6—氩气流；7—电弧；8—工件

图 6-1　熔化极氩弧焊示意图

由于 MIG 焊一般都是采用直流反接，具有很强的"阴极破碎"作用，所以焊接铝、镁及其合金时，焊前几乎不需要去除氧化膜。但是，由于氩气不能与氢反应结合成分子或大离子，焊接黑色金属时，MIG 焊对氧化膜很敏感，焊前必须认真清理，否则容易使焊缝含氢量增加而产生气孔或裂纹。

（4）容易实现焊接自动化

熔化极氩弧焊是明弧焊接，焊接过程参数稳定，易于检测和控制，易于实现自动化。

（5）容易实现窄间隙焊接

焊道之间不需清渣，更适宜实现窄间隙焊接，节省填充金属和提高生产效率。

2. 熔化极惰性气体保护焊缺点

（1）焊接成本相对较高

由于惰性气体价格较高，目前惰性气体保护焊主要用于有色金属及不锈钢等的焊接。

（2）对水、铁锈、油污敏感

惰性气体不能与氢反应结合成分子或大离子，因而焊前需要严格清理油污水等杂质。

（3）不适宜野外作业

MIG 焊属于气体保护焊，保护效果会受到风的影响，因而在野外作业受到限制。

任务实施

6.1.2   熔化极惰性气体保护电弧焊工艺

1. 焊前准备

熔化极惰性气体保护焊焊前必须严格去除金属表面的氧化膜，油脂和水分等污物，清理方法因材质不同而略有差异。常用的清理方法有机械清理、化学清理和化学机械联合清理。

（1）机械清理

不锈钢通常采用砂布打磨清理，而铝合金则用不锈钢丝刷或刮刀清理。机械清理后有时需要用丙酮或汽油去除油污。

（2）化学清理

化学清理是在规模化生产中常用的清理方法。以下是铝及铝合金、镁及镁合金、钛及钛合金的化学清理方法。

铝及铝合金的化学清理工序见表 6-1。

表 6-1   铝及铝合金的化学清理工序

材质	工序								
	碱洗			冲洗	光化			冲洗	干燥
	NaOH/%	温度/℃	时间/min		硝酸/%	温度/℃	时间/min		
纯铝	15	室温	10~15	冷净水	30	室温	2	冷净水	100 ~ 110℃ 烘干，再低温干燥
	4~5	60~70	1~2						
铝合金	8	50~60	5		30	室温	2		

镁合金的化学清理通常是先将镁合金放在 20%~25% 的硝酸水溶液中进行表面腐蚀 1~2 min，然后放在 70~80℃ 热水中清洗，再吹干。

钛合金常用的一种化学清洗剂配方是：盐酸 200~250 ml/L，硝酸 50~60 ml/L，氯化钠 40 g/L，再加水 724 ml/L。在此溶液中（室温）先将钛合金浸泡 7~10 min，然后清水洗净、烘干，焊前再用丙酮或酒精清理。

（3）化学—机械联合清理

对大型工件，采用化学清理往往不够彻底，因而在焊前还需用机械方法清理一次焊接坡口区，这样才能保证焊前清理要求，对铝合金、钛及钛合金要求清理后立即进行焊接。

2. 焊接工艺参数的选择

（1）焊接电流和电弧电压

一般根据工件厚度选择焊丝直径，然后确定焊接电流和熔滴过渡类型。MIG 焊熔滴过渡的种类有短路过渡、颗粒过渡、喷射过渡，见表 6-2。

表 6-2 　MIG 焊熔滴过渡的种类及特点（直流反接）

熔滴过渡种类	过渡方式	保护气体	电弧燃烧情况	熔滴大小	可焊位置	熔深
短路过渡	通过未脱离焊丝端部的熔滴与熔池接触（短路）使熔滴过渡到熔池	Ar、He 或混合气体	电弧间歇熄灭，但电弧复燃容易，飞溅较小	大于焊丝直径	全位置	较浅
颗粒过渡	熔滴通过电弧空间以重力加速度落至熔池	Ar、He 或混合气体	电弧有偶然短路熄灭，燃烧较不稳定，飞溅较大	大于焊丝直径	平焊	比短路过渡深
喷射过渡	熔滴以比重力加速度大得多的加速度射向熔池	Ar 或富含 Ar 混合气体	电弧燃烧稳定，飞溅很小	小于焊丝直径	平焊、全位置焊	比颗粒过渡深

除了上述 3 种熔滴过渡之外，亚射流过渡是介于短路过渡与喷射过渡之间的一种过渡形式，是铝及铝合金焊接特有的一种熔滴过渡方式，产生于弧长较短、电弧电压较小时。由于弧长较短，尺寸细小的熔滴在即将射滴形式过渡到熔池中时，发生短路，然后在电磁收缩力的作用下完成过渡。利用亚射流过渡工艺进行焊接时，电弧具有很强的固有自调节作用，采用等速送丝机配恒流特性的电源即可保持弧长稳定。

当焊丝直径一定时，焊接电流（即送丝速度）的选择与熔滴过渡类型有关。电流较小时，为颗粒过渡（如果电弧电压较低则为短路过渡），当电流达到临界电流时为喷射过渡。MIG 焊与 CO_2 气体保护焊从大颗粒排斥过渡到到细颗粒过渡的转变是逐渐的，具有明显的临界电流值，见表 6-3。

焊接电流一定时，电弧电压应与焊接电流相匹配，以避免气孔、飞溅等缺陷。

（2）焊丝伸出长度

焊丝伸出长度增加可增强电阻热作用，使焊丝熔化速度加快，可获得稳定的喷射过渡，并降低临界电流值。焊丝伸出长度过长和过短对焊接都有不利影响。焊丝伸出长度一般根据焊接电流的大小、焊丝直径、焊丝材料电阻率等来选择，一般短路过渡时为 6 ~ 13 mm，其他情况下为 13 ~ 25 mm。表 6-4 为 H08Mn2SiA 和 H06Cr19Ni9 Ti 两种焊丝伸出长度的推荐值。

表 6-3　MIG 焊大滴—喷射过渡转变临界电流值

焊丝种类	焊丝直径/mm	保护气体	临界电流/A
低碳钢	0.8 0.9 1.2 1.6	98% Ar+2% O_2	150 165 220 275
不锈钢	0.9 1.2 1.6	99% Ar+1% O_2	170 225 285
铝及铝合金	0.8 1.2 1.6	Ar	90 135 180
铜	0.9 1.2 1.6	Ar	180 210 310
硅青铜	0.9 1.2 1.6	Ar	165 205 270
钛及钛合金	0.8 1.6 2.4	Ar	120 225 320

表 6-4　焊丝伸出长度推荐值

焊丝直径/mm	焊丝伸出长度/mm	
	H08Mn2SiA	H06Cr19Ni9 Ti
0.8	6 ~ 12	5 ~ 9
1.0	7 ~ 13	6 ~ 11
1.2	8 ~ 15	7 ~ 12

（3）气体流量

熔化极惰性气体保护焊对熔池保护要求较高，保护气流量应根据电流大小、喷嘴孔径、接头形式等因素来确定。对于一定孔径的喷嘴，保护气流量有一个比较合理的范围。流量太大，容易使喷出的气流从层流状态转化为紊流状态，使保护效果

变差；流量太小，喷出的气流挺度不够，排开空气的能力弱，保护效果也不好。气体流量最佳范围可以通过试验来确定，其保护效果可以通过观察焊缝表面颜色来判断，见表 6-5。通常喷嘴直径为 20 mm 左右，气体流量为 10～60 L/min，喷嘴至焊件距离以 10～15 mm 为合适。

表 6-5　保护效果与焊缝表面颜色之间的关系

母材	最好	良好	较好	不良	最差
不锈钢	金黄色或银白色	蓝色	红灰色	灰色	黑色
钛及钛合金	亮银白色	橙黄色	蓝紫色	青灰色	白色（氧化钛）
铝及铝合金	亮银白色	无光白色	灰白色	灰色	黑色
紫铜	金黄色	黄色	—	灰黄色	灰黑色
低碳钢	灰白色有光亮	灰色	—	—	灰黑色

6.1.3　熔化极脉冲氩弧焊工艺

1. 特点

① 熔化极脉冲氩弧焊具有较宽的电流调节范围，可以在平均电流大大低于直流电源焊接时临界电流值的情况下获得喷射过渡。它的工作电流值范围包括了从短路过渡到喷射过渡的所有电流值，可以在高至几百安培，低至几十安培的范围内调节。利用喷射过渡工艺，既可焊接厚板，又可焊接薄板。表 6-6 为熔化极脉冲氩弧焊焊接不同材料时出现喷射过渡的最小电流值（总电流平均值）。由表 6-6 可以看出，熔化极脉冲氩弧焊可在平均电流值较小时得到比较稳定的焊接过程。

表 6-6　脉冲 MIG 焊获得喷射过渡的最小电流值

焊丝材料	总电流平均值/A			
	1.2 mm 直径	1.6 mm 直径	2.0 mm 直径	2.5 mm 直径
铝	20～25	25～30	40～45	60～70
铝镁合金	25～30	30～40	50～55	75～80
钢	40～50	50～70	70～85	90～100
不锈钢	60～70	80～90	100～110	120～130
钛	80～90	100～110	115～125	130～140
低合金钢	90～110	110～120	120～135	145～160

② 采用脉冲电流可以有效控制输入热量，改善焊接接头性能。脉冲 MIG 焊接电流由基值电流、脉冲电流、脉冲维持时间、脉冲间歇时间 4 个参数组成，可调节性强。通过调节这四个参数，可以实现在保证足够熔深的情况下获得良好的焊缝成形。

脉冲 MIG 焊不仅可以焊接中、厚板，而且很适合焊接薄板。它可以方便地控制焊缝成形，还可以很方便地控制焊接线能量，这对于焊接对热循环敏感性较强的材料非常有利。

③ 采用脉冲电流有利于实现全位置焊接。脉冲 MIG 焊可以实现在较小的线能量下达到喷射过渡，熔池体积小，冷却速度快。而且当脉冲电流大于临界电流时，熔滴过渡沿轴线方向，过渡有力。通过调节焊接参数，可以实现在任何位置焊接，熔池易于保持。

④ 焊缝质量好。脉冲 MIG 焊电弧对熔池的搅拌作用强，可以改变熔池的结晶条件和冶金性能，有利于消除气孔、偏析等焊接缺陷。

2. 工艺参数的选择

（1）基值电流

基值电流的作用是维持电弧的燃烧，预热焊丝和工件，并能调节母材热输入。基值电流过大，则会使脉冲焊的特点不明显，甚至在基值电流期间也会产生熔滴过渡，使熔滴过渡失去控制。基值电流过小，则电弧不稳定，通常基值电流选为 50~80 A 比较合适。

（2）脉冲电流

脉冲电流决定了熔滴过渡的形式，同时也影响焊缝的熔深。要使熔滴过渡呈喷射过渡，脉冲电流必须大于临界电流值。

（3）脉冲频率和脉冲宽比

脉冲 MIG 焊采用的脉冲频率一般在几十至几百赫兹范围。脉冲频率主要根据焊接电流来确定，电流较大时，频率应较高，电流较小时，频率应低一些，频率过高，会丢失脉冲焊特点，频率过低，焊接过程不稳定。对于一定的送丝速度，脉冲频率越大，熔滴尺寸越小；脉冲频率越高，母材熔深越大。

脉宽比（即通电持续时间与脉冲周期的百分比值）反映脉冲焊接特点的明显与否。脉宽比越小，脉冲焊特征越明显。但脉宽比过小，焊接电弧不稳定，脉宽比一般取 25%~50%。

任务 2   熔化极氩弧焊气体选用

任务分析

课件
熔化极氩弧焊气体
选用

MIG 焊常用的保护气体有氩气、氦气。但是，由于受到气体物理和化学性质的影响，往往单一的保护气体容易产生电弧温度低、熔深小、熔滴颗粒大、焊缝成形差、对氢敏感、成本高等问题。在实际的焊接生产中，为了适应不同金属材料和焊接工艺的需要，经常采用混合气作为保护气体，以弥补用单一气体作保护气体时在某些性能上的不足。下面介绍几种常用的混合气体及其应用范围。

相关知识

6.2.1   Ar+He、Ar+N$_2$

采用 Ar+He 混合气体具有 Ar 和 He 所有的优点，有电弧功率大、温度高、熔深大等特点。可用于焊接导热性强、厚度大的有色金属，如铝、钛、锆、镍铜及其合金。在焊接大厚度铝及铝合金时，可改善焊缝成形、减少气孔及提高焊接生产率，He 气所占比例随着焊件厚度的增加而增大。在焊接铜及合金时，He 气所占比例一般为 50%～70%。

Ar+N_2 混合气体中，氮（N_2）既不溶于铜又不与铜及铜合金起化学作用，因而对铜及铜合金，N_2 气相当于惰性气体，可用于焊接区域的保护。N_2 是双原子气体，热导率比 Ar、He 高，弧柱的电场强度也较高，因此电弧热功率和温度可大大提高，焊铜时可降低或取消预热温度。N_2 来源广泛，价格便宜，焊接成本低但焊接时有飞溅，烟雾大，外观成形不如采用 Ar+He 保护时好。

6.2.2　Ar+CO_2

这种混合气体具有一定的氧化性，一方面能降低液体金属的表面张力，具有熔滴细匀、电弧稳定、焊缝成形规则等特点；另一方面，由于保护气体具有氧化性，可以在熔池表面不断地生成氧化膜，生成的氧化膜可以降低电子逸出功，故能稳定阴极斑点，克服阴极斑点飘忽不定的缺点，增加电弧的稳定性，同时也有利于增加液体金属的流动性，细化熔滴，改善焊缝成形。

一般这种混合气体可用于钢的喷射过渡或熔化极脉冲气体保护焊，对于不锈钢、高合金钢等一般可用 Ar+CO_2（5%），少加或不加 CO_2 但不能超过 5%，以减少不锈钢的晶间腐蚀倾向，或降低高合金钢的淬硬倾向，避免产生裂纹。对于碳钢、低合金钢可用 Ar+CO_2（20%～30%）、Ar+CO_2（15%）+O_2，可提高熔滴过渡的稳定性，改善焊缝熔深形状和外观，降低焊接成本。

6.2.3　常用保护气体

常用的焊接用保护气体见表 6-7 和表 6-8。

表 6-7　喷射过渡时常用保护气体

被焊材料	保护气体（体积分数）	焊件厚度/mm	特点
铝及铝合金	Ar（100%）	0～25	较好的熔滴过渡，电弧稳定，飞溅极小
	Ar（35%）+He（65%）	25～75	热输入比纯氩大，改善 Al-Mg 合金的熔化特性，减少气孔
	Ar（25%）+He（75%）	76	热输入高，增加熔深，减少气孔，适于焊接薄铝板
镁	Ar	—	良好的清理作用
钛	Ar	—	良好的电弧稳定性，焊缝污染小，在焊缝区域的背面要求惰性气体保护以防空气污染

续表

被焊材料	保护气体（体积分数）	焊件厚度/mm	特点
铜及铜合金	Ar	≤3.2	能产生稳定的射流过渡，良好的润湿性
	Ar+He（50%～70%）	—	热输入比纯氩大，可以减少预热温度
镍及镍合金	Ar	≤3.2	能产生稳定的射流过渡，脉冲射滴过渡及短路过渡
	Ar+He（15%～20%）	—	热输入高于纯氩
不锈钢	Ar（99%）+O_2（1%）	—	改善电弧稳定性，用于射流过渡及脉冲射滴过渡，能较好控制熔池，焊缝形状良好，焊较厚的材料时产生的咬边较小
	Ar（98%）+O_2（2%）	—	较好的电弧稳定性，可用于射流过渡及脉冲射滴过渡，焊缝形状良好，焊接较薄焊件比 Ar（99%）+O_2（1%）混合气体有更高的速度
低合金高强度钢	Ar（98%）+O_2（2%）	—	最小的咬边和良好的韧性，可用于射流过渡及脉冲射滴过渡
低碳钢	Ar+O_2（3%～5%）	—	改善电弧稳定性，用于射流过渡及脉冲射滴过渡，能较好控制熔池，焊缝形状良好，咬边较小，比纯氩的焊接速度更高
	Ar+O_2（10%～20%）	—	电弧稳定，可用于射流过渡及脉冲射流过渡，焊缝成形好，飞溅较小，可高速焊接
	Ar（80%）+CO_2（15%）+O_2（5%）	—	电弧稳定，可用于射流过渡及脉冲射流过渡，焊缝成形好，熔深较大
	Ar（65%）+He（26.5%）+CO_2（8%）+O_2（0.5%）	—	电弧稳定，尤其在大电流时可得到稳定的喷射过渡，能实现大电流下的高熔敷率，ϕ1.2 mm 焊丝的最高送丝速度可达 50 m/min，焊缝冲击韧度好

表 6-8 短路过渡时常用保护气体

被焊材料	保护气体（体积分数）	焊件厚度 /mm	特点
低碳钢	Ar（85%）+CO_2（15%）	—	无烧穿的高速焊，最少的烟尘和飞溅，提高冲击韧度，焊缝成形美观
	Ar（75%）+CO_2（25%）	—	飞溅很小，焊缝熔深小，熔宽大，余高小，在立焊和仰焊时易控制熔池
	Ar（80%）+CO_2（20%）	—	与纯 CO_2 相比飞溅小，焊缝成形美观，冲击韧度高，但熔深浅
	CO_2	—	飞溅大，烟尘大，冲击韧度最低，但价格最便宜，能满足力学性能要求
	CO_2（80%）+O_2（20%）	—	与纯 CO_2 类似，但氧化性更强，电弧热量更高，可以提高焊接速度和熔深
低合金钢	Ar（75%）+CO_2（25%）	—	较好的冲击韧度，良好的电弧稳定性、润湿性和焊缝成形，较小的飞溅
	He + Ar（25% ~ 35%）+ CO_2（4.5%）	—	氧化性弱，冲击韧度高，良好的电弧稳定性、润湿性和焊缝成形，较小飞溅
不锈钢	Ar（93%）+CO_2（5%）+O_2（2%）	—	电弧稳定，飞溅小，焊缝成形良好
	He（90%）+ Ar（7.5%）+ CO_2（2.5%）	—	对抗腐蚀性无影响，热影响区小，不咬边，烟尘小
铝、铜、镁、镍及其他合金	Ar 或 Ar+He	>3.2	适合于焊接薄板金属

任务 3 T 形接头平角焊

课件
T 形接头平角焊

任务分析

焊件的端面与另一焊件的表面构成直角或近似直角的接头，称为 T 形接头。这种接头的应用范围仅次于对接接头，在船体焊接中，70%的接头是 T 形。

相关知识

6.3.1 T 形接头平角焊焊件

1. 焊接结构

焊件结构及其主要尺寸规格如图 6-2 所示，材质为低碳钢 Q235，采用平角焊。

2. 技术特点

图片

瞄准位置 1

在 T 形接头平角焊操作时易产生咬边、未焊透、焊脚下偏（下垂）、夹渣等缺陷。为了防止这些缺陷，除了选择正确焊接规范外，还应根据两板的厚薄适当调节焊丝的角度。如果焊接两板厚度不同的焊缝时，电弧要偏向厚板一边，以使两板的温度均匀。以等厚度平角焊为例，一般焊丝与水平板的夹角为 40°~50°，控制焊枪倾角为 10°~25°。

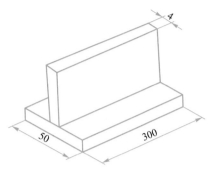

图 6-2   焊件结构与尺寸

图片

瞄准位置 2

任务实施

6.3.2 T 形接头平角焊装配与定位焊

因为薄板结构容易熔透，所以装配时立板与横板之间不用预留间隙。从横板两侧进行定位焊，定位焊长度为 3~5 mm。在定位焊时，选用焊丝型号为 H08Mn2SiA，直径为 1.0 mm，采用松下 TA-1400 型焊接机器人进行定位焊，如图 6-3 所示。

图片

角等边焊缝

6.3.3 T 形接头平角焊编程

根据 T 形接头平角焊的焊件结构特点，规划运动轨迹和示教点，进而确定机器人示教轨迹和示教点，如图 6-4 所示。

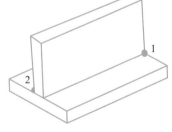

图 6-3   焊件定位焊

P1—P2—P3 区间为空走区间，其中示教点 P1 为机器人初始位置，示教点 P2 为焊接接近点，示教点 P3 为焊接开始点。

图片

角不等边焊缝

P3—P4 区间为焊接区间，其中示教点 P4 为焊接结束点。

P4—P5—P6 区间为空走区间，其中 P6 点要与 P1 点重合。

按照图 6-4 所示轨迹进行示教编程后，示教器主窗口中生成示教再现程序，见表 6-9。

图片

船型焊接

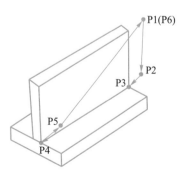

图 6-4   T 形接头平角焊示教轨迹

表 6-9 T 形接头平角焊示教程序

语句行	程序语句	注释
1	Ping jiao han.prg	程序名称
2	1: Mech: Robot	运动机构设置
3	Begin of program	程序开始
4	TOOL=1: TOOL01	末段工具设置
5	MOVEL P1, 10.00 m/min	示教点 1（空走点）
6	MOVEL P2, 10.00 m/min	示教点 2（空走点）
7	MOVEL P3, 3.00 m/min	示教点 3（焊接开始点）
8	ARC-SET AMP = 140 VOLT = 18.8 S = 0.50	焊接规范参数，分别为焊接电流（A）、焊接电压（V）及焊接速度（m/min）
9	ARC-ON ArcStart1.prg RETRY = 0	焊接开始指令
10	ArcL P4, 3.00 m/min	示教点 4（焊接结束点），在 P3-P4 区间机器人焊接速度 S=3m/min 行进
11	CRATER AMP=100 VOLT=15.8 T=0.3	焊接收弧规范参数
12	ARC-OFF ArcEnd1, prg RETRY = 0	焊接结束指令
13	MOVEL P5, 3.0 m/min	示教点 5（空走点）
14	MOVEL P6, 10.0 m/min	示教点 6（空走点）
15	END of program	程序结束

操作人员对示教程序进行再现操作，观察机器人是否按照示教轨迹运行，如果提示示教错误或发现示教不理想，应及时修改程序。

6.3.4 T形接头平角焊实施

根据焊件材质、焊件厚度、焊接位置等因素确定主要焊接工艺参数，如焊接电流、焊接电压、焊接速度等，表 6-10 为推荐的焊接参数。焊接设备采用松下 TA-1400 型焊接系统。

表 6-10 T 形接头平角焊工艺参数

焊接方法	焊接材料			焊接电流/A	电弧电压/V	焊接速度 /(m·min^{-1})
	焊丝型号	焊丝直径/mm	保护气体			
MIG 焊	H08Mn2SiA	1.0	CO_2（80%）+ Ar（20%）	140	18.8	0.5

在直线焊接区间内，从焊接起点 P3 的位置开始调整焊枪姿势和焊接角度，P3 点位置焊枪角度视图如图 6-5 所示。

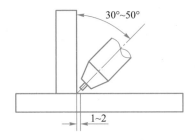

图 6-5   P3 点焊枪姿势

　　示教程序经过再现验证和修改完善后可进行焊接操作。焊接之前需按下"电弧锁定"按钮,检查送丝和保护气体供给情况,并将模式开关拨到"Auto"挡,接通伺服电动机之后按下"启动"按钮,开始焊接。

任务 4   管板对接焊

任务分析

　　管板类接头是锅炉、压力容器制造业主要的焊缝形式之一。根据接头形式的不同,管板类接头可分为插入式管板和骑坐式管板。根据空间位置的不同,每类管板对接焊又可分为垂直固定俯位焊、水平固定全位置焊、垂直固定仰位焊。

相关知识

6.4.1   管板对接焊焊件

　　1. 焊件结构

　　滑套焊件结构与主要尺寸规格如图 6-6 所示。焊件材质为低碳钢 Q235,焊接位置为法兰的平角环缝,焊脚高度为 3~4 mm。

　　2. 技术特点

　　进行管板(插入式)焊接时,焊缝形式为角焊缝,但管子与法兰的厚度不同,焊缝成环形,加上焊接机器人送丝是自动等速、连续的,焊接难度较板对接稍大,要求操作者能熟练、准确地操纵机器人焊枪,并能选择合理的焊接参数,否则,容易产生未焊透、咬边等缺陷。

任务实施

6.4.2   管板对接焊装配与定位焊

　　在装配时,将管子中心线与法兰孔的

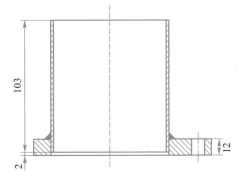

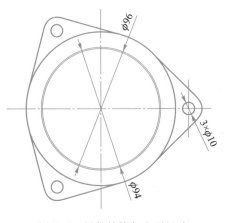

图 6-6   焊件结构与主要尺寸

课件
管板对接焊

圆心对中，沿圆周定位焊 3 点，每点角度相距 120°。根部间隙约预留 1~1.5 mm。在定位焊时，选用焊丝型号为 H08Mn2SiA，直径为 ϕ1.0 mm。采用松下 TA-1400 型焊接机器人进行定位焊，如图 6-7 所示。

方案 1：固定工件，移动机器人焊枪。

在工件固定的情况下，根据滑套焊件的结构特点，规划焊接机器人所需运行轨迹，进而确定机器人示教轨迹和示教点，如图 6-8 所示。

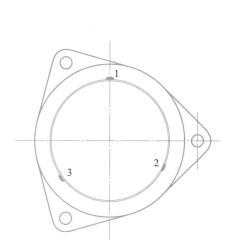
图 6-7　滑套定位焊

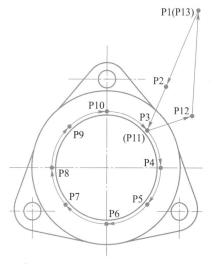
图 6-8　滑套示教轨迹

P1-P2-P3 区间为空走区间，其中示教点 P1 为机器人初始位置，示教点 P2 为焊接接近点，示教点 P3 为焊接开始点。

P3-P4-P5-P6-P7-P8-P9-P10-P11 区间为焊接区间，其中示教点 P11 为焊接结束点，与 P3 点重合。

P1-P2-P3 区间为空走区间，其中 P1 点要与 P1 为机器人初始位置，示教点 P2 为焊接接近点，示教点 P3 为焊接开始点。

P3-P4-P5-P6-P7-P8-P9-P10-P11 区间为焊接区间，其中示教点 P11 为焊接结束点，与 P3 点重合。

P11-P12-P13 区间为空走区间，其中 P13 点要与 P1 点重合。

按照图 6-8 所示的滑套示教轨迹进行示教编程后，示教器主窗口中生成示教程序，见表 6-11。

表 6-11　滑套焊接示教程序

语句行	程序语句	注释
1	hua tao	程序名称
2	1: Mech Robot	运动机构设置
3	Begin of program	程序开始
4	TOOL-1: TOOL01	末端工具设置

续表

语句行	程序语句	注释
5	MOVEL P1, 10 m/min	示教点 1（空走点）
6	MOVEL P2, 10 m/min	示教点 2（空走点）
7	MOVEL P3, 10 m/min	示教点 3（焊接开始点）
8	ARC-SET AMP-145 VOLT=18.0 S=0.50	焊接规范参数，分别为焊接电流（A）、焊接电压（V）及焊接速度（m/min）
9	ARC-ON Arcstart1.prg RETRY=0	焊接开始指令
10	MOVEL P4, 10 m/min	示教点 4（焊接点）
11	MOVEL P5, 10 m/min	示教点 5（焊接点）
12	MOVEL P6, 10 m/min	示教点 6（焊接点）
13	MOVEL P7, 10 m/min	示教点 7（焊接点）
14	MOVEL P8, 10 m/min	示教点 8（焊接点）
15	MOVEL P9, 10.00 m/min	示教点 9（焊接点）
16	MOVEL P10, 10.00 m/min	示教点 10（焊接点）
17	MOVEL P11, 10.00 m/min	示教点 11（空走点、焊接结束点），在 P3 至 P11 圆弧区
18	CRATER AMP-100 VOLT=15.8 T=0.3	焊接收弧规范参数
19	ARC--OFF ArcEnd1.prg RETRY=0	焊接结束指令
20	MOVEL P12, 3.00 m/min	示教点 12（空走点）
21	MOVEL P12, 10.00 m/min	示教点 13（空走点）
22	End of program	程序结束

　　操作人员要对示教程序进行再现操作，观察机器人是否按照示教轨迹运行，如提示示教错误或发现示教不理想，应及时修改程序。

　　方案 2：转动工件，固定机器人焊枪。

　　由于焊接轨迹为平角环焊缝，因此可以固定机器人焊枪位置，通过工装（外部轴）使工件以法兰中心为圆心相对机器人焊枪转动，从而实现平角环缝的焊接。但由于法兰中心必须与外部轴中心重合，对夹具设计及工件装配精度要求较高，读者可以根据实验条件自行尝试。

6.4.3　管板对接焊实施

1. 确定主要焊接工艺参数

根据焊件材质、焊件厚度、焊接位置等因素，确定主要焊接工艺参数，如焊接电流、电压、速度，推荐参数见表 6-12。焊接设备采用松下 TA-1400 型焊接机器人系统。

表 6-12　滑套焊接工艺参数

焊接方法	焊接材料			焊接电流/A	电弧电压/V	焊接速度/(m·min^{-1})
	焊丝型号	焊丝直径/mm	保护气体			
MIG 焊	H08Mn2SiA	1.0	CO_2（80%）+ Ar（20%）	145	18.0	0.5

2. 焊接角度

在直线焊接区间内，从焊接开始点 P3 位置调整好焊枪姿势和焊接角度。图 6-9 所示为机器人在焊接开始点 P3 时的焊枪姿势。

示教程序经过再现验证和修改完善后可进行焊接操作。焊接之前需按下"电弧锁定"按钮，检查送丝和保护气体供给情况，并将模式开关拨到 Auto 挡，接通伺服电动机之后按下"启动"按钮，开始焊接。

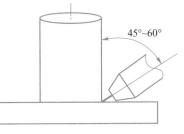

图 6-9　P3 点的位置和角度

45°~60°

总　结

本项目介绍了机器人焊接的另一种常用焊接方法，即 MIG/MAG 焊接工艺。这种焊接方法与 CO_2 气体保护焊的主要区别是保护气体不同，但应用范围更广。该项目第一个任务详细介绍了 MIG/MAG 焊接气体的特点和适用范围，然后对较复杂的接头（T 形接头和管板接头）开展焊接实训，让读者认识到保护气体对焊接质量的影响，并且在管板对接焊过程中，增加了机器人对外部轴的调用指令的学习，进一步强化机器人焊接技能。

习　题

一、单项选择题

1. 熔化极气体保护焊，焊接材料不包括（　　　）。

A. 保护气体　　　　B. 药芯焊丝　　　　C. 实心焊丝　　　　D. 焊接电源

2. 熔化极气体保护焊，药芯焊丝药粉中含有合金剂、造渣剂、脱氧剂和（　　　）等。

A. 造气剂　　　　　B. 脱氮剂　　　　　C. 脱脂剂　　　　　D. 稳弧剂

3. 熔化极气体保护焊，焊接设备应保证焊接过程中（　　　）按要求执行。

A. 焊接电流　　　　　　　　　B. 工艺参数

C. 程序动作　　　　　　　　　D. 送丝速度

4. 熔化极气体保护焊，焊接设备基本配置包括焊接电源、控制系统、送丝机构、供气系统、连接电缆和（   ）等。

A. 冷却系统　　　B. 焊丝　　　　　　C. 面罩　　　　　　　D. 保护气体

5. 熔化极气体保护焊利用和（   ）母材间燃烧的电弧做热源来熔化焊丝与母材，冷却结晶后形成焊缝。

A. 保护气体　　　B. 喷嘴　　　　　　C. 电极　　　　　　　D. 焊丝

6. 熔化极气体保护焊，采用 CO_2 作为保护气体时，可以焊接（   ）。

A. 碳钢、不锈钢　　　　　　　　　　B. 碳钢、低合金钢

C. 低合金钢、不锈钢　　　　　　　　D. 所有金属材料

7. 熔化极气体保护焊按焊丝类型可分为实芯焊丝气体保护焊和（   ）两种。

A. 药芯焊丝气体保护焊　　　　　　　B. 惰性气体保护焊

C. 活性气体保护焊　　　　　　　　　D. 混合气体保护焊

8. 熔化极气体保护焊，熔滴过渡形式有短路过渡、喷射过渡、粗滴过渡和（   ）等过渡形式。

A. 亚射流过渡　　　　　　　　　　　B. 射滴过渡

C. 轴向粗滴过渡　　　　　　　　　　D. 非轴向粗滴过渡

9. 熔化极气体保护焊，短路过渡时，电弧输入功率比较小，熔池体积小，主要用于焊接薄板和（   ）焊接。

A. 厚板　　　　　　　　　　　　　　B. 角对接

C. 碳钢及低合金钢　　　　　　　　　D. 单面焊双面成形的全位置

10. 熔化极气体保护焊前，应检查焊接设备的开关、电源电压和（   ），且容量必须符合焊机铭牌上的要求。

A. 焊丝直径　　　B. 焊丝牌号　　　　C. 熔断器　　　　　　D. 气体

二、填空题

1. 焊接用的 CO_2 气体一般纯度要求不低于＿＿＿＿＿＿。

2. 熔化极惰性气体保护焊，活泼性金属在氩气中，电弧电压和能量密度较低，电弧燃烧稳定，飞溅较小，较适合焊接＿＿＿＿＿、＿＿＿＿＿的金属。

3. CO_2 气体保护焊的气流量根据＿＿＿＿＿＿＿＿＿来选取，通常为＿＿＿＿＿＿＿ L/min。

4. 钢按照含碳量可分为＿＿＿＿＿、＿＿＿＿＿、＿＿＿＿＿。

5. 机器人操作人员要对示教程序进行＿＿＿＿＿操作，观察机器人是否按照示教轨迹运行，如提示示教错误或发现示教不理想，应＿＿＿＿＿。

三、判断题

1. 氧气瓶的外观颜色涂成天蓝色。（   ）

2. 对电源重点直接接地的低压电网中的用电器，可以把用电器的外壳接在中线上，称为保护接地。（   ）

3. 熔化极气体保护焊，焊接时焊接方向从左向右称为右焊法，焊接方向从右向左称为左焊法，但必须焊枪角度保持一致。（   ）

4. 熔化极气体保护焊，选用适当大的焊接电流电压和正确的操作方法可有效地

防止产生焊瘤。(　　　)

5. 熔化极气体保护焊，保护气体包括氩气、二氧化碳气、氦气、氢气、氧气等。(　　　)

四、简答题

1. 简述机器人进行焊接的常用指令。

2. 机器人焊接的焊接开始点有什么要求？

3. T 形接头焊接时，焊枪角度有什么要求？

4. 熔化极气体保护焊时常用的保护气体有哪些，各适用于那些材料的焊接？

5. 焊接铝、镁等有色金属时，有哪些焊前准备工作？

五、操作题

试设计一个书柜，自行选择材料，并制定相关机器人焊接工艺。

习题答案
项目 6

项目 7

焊接质量检验

焊接检验根据是否破坏焊接结构件可分为破坏性检验和非破坏性检验两大类。破坏性检验是从焊接件上切取试样或把产品的整体破坏做试验,主要检查焊接件的力学性能、化学成分、焊接性等的试验方法,如图 7-1(a)所示。

非破坏性检验包含外观检验、致密性检验及无损探伤检验(通常称为无损检验),主要是对焊缝质量的缺陷进行检验,如图 7-1(b)所示。其中,外观检验的主要内容有检查焊缝的外形尺寸是否合格、有无焊缝外气孔、咬边、满溢及焊接裂纹等表面缺陷;水压检验、气压检验主要用来检验焊接件容器的强度和致密性是否满足要求,如压力容

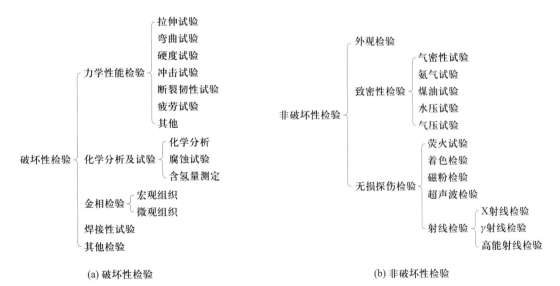

(a) 破坏性检验   (b) 非破坏性检验

图 7-1 焊接检验的类型

器、管道；致密性检验，如气密性、吹气、氨渗漏、煤油、载水、沉水、水冲、氦检漏等方法，检验焊缝的贯穿性裂纹、气孔、夹渣、未焊透等缺陷；无损探伤检验（NDT）是在不损伤被检测对象的条件下，利用材料内部结构异常或缺陷存在所引起的对热、声、光、电、磁等反应的变化，来探测各种工程材料、零部件、结构件等内部和表面缺陷，并对缺陷的类型、性质、数量、形状、位置、尺寸、分布及其变化作出判断和评价。

学习目标

📖 知识目标
- 认识常见焊接缺陷。
- 了解焊前检验内容。
- 了解焊接过程中的检验内容。
- 了解焊接成品检验的内容。
- 了解焊接质量控制。
- 了解常用焊接质量检测方法。

☑ 技能目标
- 掌握焊接缺陷的类型及其产生原因。
- 掌握焊接材料的类型。
- 掌握选用焊材的基本原则。
- 掌握焊接质量控制的常用措施。
- 能识别常见焊接缺陷。
- 掌握焊接过程中不同阶段的检验内容。
- 掌握焊接缺陷的防治措施。

技 能 树

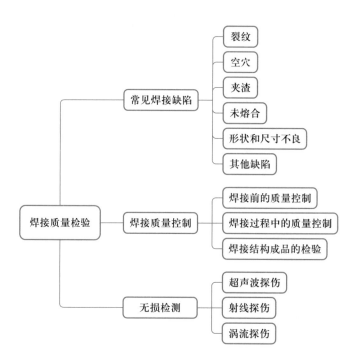

任务 1　常见焊接缺陷

任务分析

　　焊接缺陷是在焊接接头中出现的金属不连续、不致密或者连接不良的现象。根据国家焊接标准，熔焊和压力焊接的焊接缺陷为裂纹、空穴、固体夹渣、未熔合、形状和尺寸不良、其他缺陷六大类。本任务是学习上述常见焊接缺陷的特征及其形成原因。

课件
常见焊接缺陷

相关知识

动画
焊接缺陷

7.1.1　裂纹

1. 特征

　　裂纹是在焊接接头的焊缝、熔合线、热影响区出现的表面开裂缺陷（图 7-2 (a)）或内部不连续界面。

(a) 裂纹　　　　　　　　　　　　　　(b) 空穴

图 7-2　裂纹和空穴

2. 形成原因

　　不同钢种、焊接方法、焊接环境、预热要求、焊接接头中，杂质的含量、装配及焊接应力的大小等都不同。此外，裂纹与母材的化学成分、结晶组织、冶炼方法等有关，如钢的含碳量越高或合金量高，钢材的硬度就越高，通常越容易在焊接时产生裂纹。焊接时冷却速度高容易产生裂纹。焊条或焊丝内含硫、磷、碳高时焊缝容易产生裂纹。硫、磷是有害元素，含硫高焊缝有热脆性，含磷高焊缝有冷脆性，焊条中硫、磷含量都必须在 0.35% 以下。焊丝中硫、磷含量都必须在 0.03% 以下。

　　总之，产生裂纹的根本原因是成分不当和热应力过大。选择合适的焊接材料，焊前加热，焊后缓冷，是避免焊接裂纹的有效措施。

7.1.2　空穴

　　空穴又称为气孔，分为表面气孔和内部气孔。

图片
气孔1

图片
气孔2

图片
气孔3

图片
气孔4

图片
气孔5

图片
气孔6

图片
焊接熔渣

图片
未熔合

1. 表面气孔

（1）特征

焊接过程中，熔池中的气体未完全溢出熔池（一部分溢出），而熔池已经凝固，在焊缝表面形成孔洞，如图7-2（b）所示。

（2）形成原因

形成表面气孔可能的原因主要是焊接过程中由于防风措施不严格，熔池混入气体；焊接材料没有经过烘焙或烘焙不符合要求，焊丝清理不干净，在焊接过程中自身产生气体进入熔池；熔池温度低，凝固时间短；焊件清理不干净，杂质在焊接高温时产生气体进入熔池；电弧过长，氩弧焊时保护气体流量过大或过小，保护效果不好，等等。

2. 内部气孔

（1）特征

在焊缝中出现的单个、条状或群体气孔，是焊缝内部最常见的缺陷，一般通过无损探伤的方式进行检验，如X射线照相法，如图7-3所示。

（2）形成原因

形成内部气孔的根本原因是焊接过程中，焊接本身产生的气体或外部气体进入熔池，在熔池凝固前没有来得及溢出熔池而残留在焊缝中。

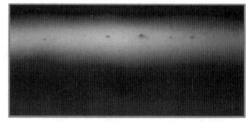

图7-3　X射线照相法检验内部气孔

7.1.3　固体夹渣

1. 特征

焊接过程中，药皮等杂质残留在熔池中，在熔池凝固后形成焊缝中的夹渣，如图7-4所示。

2. 形成原因

形成固体夹渣的主要原因是材料和操作工艺参数有问题。材料问题主要是焊件清理不干净、多层多道焊层间药皮清理不干净、焊接过

图7-4　固体夹渣

程中药皮脱落在熔池中等；操作工艺参数问题主要是电弧过长、焊接角度不对、焊层过厚、焊接线能量小、焊速快等，导致熔池中熔化的杂质未浮出而熔池凝固。

7.1.4　未熔合

1. 特征

未熔合主要有根部未熔合、层间未熔合两种。根部未熔合主要是打底过程中焊缝金属与母材金属以及焊接接头未熔合，层间未熔合主要是多层多道焊接过程中层与层间的焊缝金属未熔合，如图7-5所示。

2. 形成原因

形成未熔合的主要原因是焊接时能量偏小，焊接速度快或操作手法不恰当。

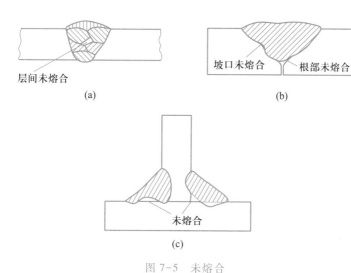

(a)　　　　　　　　　(b)

图片
焊缝尺寸不均 1

图片
焊缝尺寸不均 2

(c)

图 7-5 未熔合

图片
焊缝尺寸不均 3

7.1.5 形状和尺寸不良

形状和尺寸表现不良主要体现在焊缝成型差、焊接变形、焊缝宽度、增高量、焊脚高度不符合要求。

1. 焊缝成型差

（1）特征

焊缝波纹粗劣，焊缝不均匀、不整齐，焊缝与母材不圆滑过渡，焊接接头差，焊缝高低不平（俗称焊瘤），如图 7-6 所示。

（2）形成原因

焊缝成型差的原因有：焊件坡口角度不当或装配间隙不均匀；焊口清理不干净；焊接电流过大或过小；焊接中运条（枪）速度过快或过慢；焊条（枪）摆动幅度过大或过小；焊条（枪）施焊角度选择不当等。

图片
焊缝形状缺陷

2. 焊缝余高不合格

（1）特征

管道焊口和板对接，焊缝余高大于 3 mm；局部出现负余高；余高差过大；角焊缝高度不够或焊角尺寸过大，余高差过大。

图 7-6 焊瘤

图片
焊瘤缺陷

（2）形成原因

焊接电流选择不当；运条（枪）速度不均匀，过快或过慢；焊条（枪）摆动幅度不均匀；焊条（枪）施焊角度选择不当等。

3. 焊接变形

（1）特征

工件焊后一般都会产生变形，但如果变形量超过允许值，就会影响使用，如图 7-7 所示。

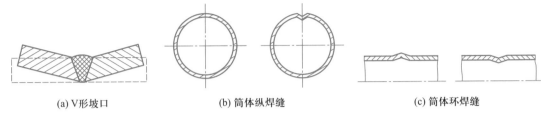

(a) V形坡口　　　　　　　(b) 筒体纵焊缝　　　　　　(c) 筒体环焊缝

图 7-7　焊接变形

（2）形成原因

因为焊接时，焊件仅在局部区域被加热到高温，离焊缝愈近，温度愈高，膨胀也愈大。但是，加热区域的金属因受到周围温度较低的金属阻止，却不能自由膨胀；而冷却时又由于周围金属的牵制不能自由地收缩。结果这部分加热的金属存在拉应力，而其他部分的金属则存在与之平衡的压应力。当这些应力超过金属的屈服极限时，将产生焊接变形；当超过金属的强度极限时，还会出现裂缝。

7.1.6　其他缺陷

1. 咬边

（1）特征

焊缝与母材熔合不好，出现沟槽，深度大于 0.5 mm，总长度大于焊缝长度的 10% 或大于验收标准要求的长度，如图 7-8 所示。

（2）形成原因

焊接线能量大，电弧过长，焊条（枪）角度不当，焊条（丝）送进速度不合适等都是造成咬边的原因。

2. 弧坑

（1）特征

焊接收弧过程中形成表面凹陷，并常伴随着缩孔、裂纹等缺陷。

（2）形成原因

焊接收弧中熔池不饱满就进行收弧，停止焊接，焊工对收弧情况估计不足，停弧时间掌握不准。

图 7-8　咬边

3. 焊缝表面不清理或清理不干净，电弧擦伤焊件

（1）特征

焊缝焊接完毕，焊接接头表面药皮、飞溅物不清理或清理不干净，留有药皮或飞溅物；焊接施工过程中不注意，电弧擦伤管壁等焊件造成弧疤。

（2）形成原因

焊缝表面不清理或清理不干净，电弧擦伤焊件，主要原因是焊工责任心不强，质量意识差，焊接工器具准备不全或有缺陷。

图片
咬边 1

图片
咬边 2

图片
咬边 3

图片
咬边及气孔

焊接质量控制

任务分析

　　焊接结构件在焊接过程中不可避免地受众多偶然因素的干扰，以及焊接应力分布的复杂性，要想杜绝制造过程中个别焊缝质量的降低、废品的出现还是有困难的。因此，确保焊接结构件达到预期水平至关重要。必须对焊接产品的生产全过程进行监督和检验，保证其在规定的使用期限内可靠地工作，不致因焊接质量不良导致产品丧失全部或部分工作能力。其检验过程分为焊前的质量控制、焊接过程的质量控制及焊接结构件成品检验。

任务实施

7.2.1 焊接前的质量控制

　　焊接前的各项质量检验是焊接质量控制的开始，主要质量控制内容有：焊接原材料质量控制、焊接前各工序质量控制、焊接工艺评定、焊工资格的检验及焊接环境的检验。

　　1. 焊接原材料质量控制

　　（1）金属原材料的质量检验

　　焊接结构使用的金属材料种类很多，即使同种类的金属材料也有不同的型号。使用时应根据金属材料的型号，出厂质量检验证明书（合格证）加以鉴定。其流程有验收、复验、使用前检查。

　　（2）焊接材料的质量检验

　　焊接材料是指焊接时使用的焊丝、焊条、焊剂及保护气等，它们的正确选用、管理和使用是保证焊接质量的前提。其检验内容如下。

　　① 按照相应的国家标准对焊条、焊丝及焊剂进行严格的检查验收。焊丝、焊条主要检验内容包括外部检查。焊丝的表面不应有氧化皮、锈蚀、油污等；焊条的药皮无开裂、脱落及霉变现象，且要求药皮与焊芯同心；对于焊剂，主要检查颗粒度、成分、焊接性能及湿度。

　　② 核对焊接材料的选用及工艺性处理是否符合技术要求。如焊剂的选用是否与焊接时使用的焊丝、金属材料相匹配。焊接不同种类的钢材，则要求不同类型的焊剂配合。具有良好性能的焊剂，其电弧燃烧稳定，焊缝金属成型良好，脱渣容易，焊缝中没有气孔、裂纹等缺陷。

　　③ 核对焊接材料的实物标，检查包装标记与焊接材料本身的标记是否一致。

　　2. 焊接前各工序质量控制

　　（1）生产图纸和工艺检查

　　焊接前必须首先熟悉焊接结构生产工艺图纸和工艺，这是保证焊接产品顺利生产的重要环节，主要检查内容包括下列 5 个方面。

① 产品的结构形式、采用的材料种类及技术要求。

② 产品焊接部位的尺寸、焊接接头及坡口的结构形式。

③ 采用的焊接方法、焊接电流、焊接电压、焊接速度、焊接顺序等。

④ 焊接过程中预热及层间温度的控制。

⑤ 焊后热处理工艺、焊件检验方法及焊接产品的质量要求。

（2）放样、划线、下料的质量检查

该项工作量比较大，需要操作者能识图，而且工作认真、细心负责，主要根据图纸内容检查工件。首先，根据图样对下料件进行尺寸、形状、公差检验，是否符合技术要求。其次，检查工件是否注明产品、图号、规格、图形符号和孔径等，并检查是否合格。最后，检查标记移植，检查各下料件上的标记是否与母材一致。

（3）坡口质量检验

为使焊缝的厚度达到规定的尺寸不出现焊接缺陷和获得全焊透的焊接接头，焊缝的边缘应按板厚和焊接工艺要求加工成各种形式的坡口，在焊接前检查坡口的形状、尺寸、表面粗糙度是否符合质量要求。

（4）成形加工件的质量检查

大多数焊接结构，焊接之前都需要经过成形加工。成形工艺包括冲压、卷制、弯曲和旋压等。焊接前根据图样要求及相关技术标准对成形加工件进行形状、尺寸检验及表面缺陷检验。

3. 焊接装配质量的检验

焊接结构在生产中为保证产品质量，常需要专配焊接机械装备。如简单的夹具、复杂的焊接变位机械；常见的检验内容有：装配结构的检验、装配工艺的检验和定位焊缝质量的检验；对于装配结构的检验，主要是检验零件间的相对位置、焊缝位置、坡口，使他们在装配后符合图样及工艺规定的要求。对于焊接工艺的检验，主要是检验定位焊预热和装配顺序；对于定位焊缝质量的检验，主要内容是检验焊缝质量没有焊接缺陷，如裂缝、夹渣、气孔等焊接缺陷。

4. 焊前预热检验

焊前预热是防止厚板焊接结构、低合金和中合金钢接头焊接裂纹的有效措施之一，主要是检验预热方法、范围和温度是否符合工艺卡规定的要求。

5. 焊工资格的检验

焊工的操作技术水平是决定焊接质量的重要因素，其主要检验内容如下。

① 焊工合格证检验，必须持证上岗。

② 检验有效期，合格证必须在有效期内。

③ 检验考试项目，检验考试项目与产品的焊接方法、位置及材料是否一致，不符者不能上岗焊接。

6. 检验焊接环境

焊接环境对焊接质量有较大的影响，根据焊接产品的技术要求及产品制造标准，检验焊接环境是否满足焊接条件。

7.2.2　焊接过程中的质量控制

焊接生产过程中的质量控制是焊接中最重要的环节，一般是先按照设计要求选定焊接工艺参数，然后边生产、边检验。每一工序都需要按照焊接工艺规范或国家标准检验，主要包括焊接规范的检验、焊缝尺寸检验、焊接工装夹具的检验与调整、焊接结构装配的检查等。

1. 焊接环境的检查

图片
焊接过程检验

焊接环境对焊接质量有较大影响。例如，过低的环境温度，会使焊件与焊缝之间的温差增大，因而增加焊缝金属的冷却速度，使焊缝金属脆性增加，在焊接应力下可能出现裂纹。焊接时，焊工与检查人员要及时检查焊接时的实际环境，采取相应防护措施，保证焊接过程进行。雨天及湿度较高时候需要将母材加热处理后再焊接，湿度过高（80%~90%）的环境不宜焊接。环境温度不可低于相关标准或规范，防止冷裂纹的产生。焊接时风速不可高于相关标准。

2. 焊接规范执行情况的检验

焊接规范是指焊接过程中的工艺参数，如焊接电流、焊接电压、焊接速度、焊条（焊丝）直径、焊接的道数、层数、焊接顺序、电源的种类和极性等。焊接规范及执行规范的正确与否对焊缝和接头质量起着决定作用。正确的规范是在焊前进行试验、总结而取得的。有了正确的规范，还要在焊接过程中严格执行，才能保证接头质量的优良和稳定。对焊接规范的检查，不同的焊接方法有不同的内容和要求。

（1）手工电弧焊规范的检验

手弧焊必须一方面检验焊条的直径和焊接电流是否符合要求，另一方面要求焊工严格执行焊接工艺规定的焊接顺序、焊接道数、电弧长度等。

（2）埋弧自动焊和半自动焊焊接规范的检验

埋弧自动焊和半自动焊焊除了检查焊接电流、电弧电压、焊丝直径、送丝速度、焊接速度（对自动焊而言）外，还要认真检查焊剂的牌号、颗粒度、焊丝伸出长度等。

（3）电阻焊规范的检验

对于电阻焊，主要检查夹头的输出功率，通电时间，顶锻量，工件伸出长度，工件焊接表面的接触情况，夹头的夹紧力和工件与夹头的导电情况等。实施电阻焊时还要注意焊接电流、加热时间和顶锻力之间的相互配合。压力正常但加热不足，或加热正确而压力不足都会形成未焊透。电流过大或通电时间过长，会使接头过热，降低其机械性能。对于点焊，要检查焊接电流、通电时间、初压力以及加热后的压力、电极表面及工件被焊处表面的情况等是否符合工艺规范要求。对焊接电流、通电时间、加热的压力三者之间是否配合恰当要认真检查，否则会产生缺陷。如加热后的压力过大，会使工件表面显著凹陷和部分金属被挤出，压力不足，会造成未焊透，电流过大或通电时间过长，会引起金属飞溅和焊点缩孔。

（4）气焊规范的检验

气焊主要检查焊丝的牌号、直径，焊嘴的号码。并检查可燃气体的纯度和火焰的性质。如果选用过大的焊嘴，会使焊件烧坏，过小则会形成未焊透。使用时间过长，还原性火焰会使金属渗碳，而氧化焰会使金属激烈氧化，这些都会使焊缝金属机械性能降低。

3. 焊后热处理的检查

焊后热处理的主要作用是加快焊缝中氢的逸出，为达到这一目的，必须检查下列几点。

① 及时加热，在焊缝冷却到 100℃ 附近时技术加热；

② 加热温度一般在 200~350℃；

③ 加热持续时间，在 200~350℃ 保持 3~4 h。

④ 加热宽度范围，焊缝每侧的加热宽度大于板厚的 5 倍，且不小于 10 cm。

⑤ 保温措施。

4. 产品试板的质量控制

（1）制作产品试板的意义及要求

焊缝内的缺陷可以通过各种无损探伤来检查。焊接接头的力学性能或某些需经最终处理才能达到使用要求的产品，显然无法直接在产品上确定其是否合格，也不允许直接从产品上切取试板进行试验，因此，只能通过制作产品试板来进行检验。

（2）压力容器产品试板的种类

按应用条件不同压力容器产品试板分为：产品焊接试板、焊接工艺纪律检查试板和母材热处理试板。

7.2.3 焊接结构的成品检验

焊接结构的成品检验属于对产品的终端检验，其检验内容主要有以下几项：焊接结构的几何尺寸、焊缝的外观质量及尺寸；焊缝的表面、近表面及内部缺陷、焊缝的承载能力及致密性。焊缝表面、近表面及内部缺陷一般用无损探伤的方法进行检查。

1. 焊接结构几何尺寸的检验

判断焊接结构的几何尺寸是否合格，实际上是判断这些尺寸的公差是否符合要求。

2. 焊缝外观检验

（1）焊缝的目视检验

目视检验是用眼睛直接观察和分辨缺陷焊接接头的外观检验是一种手续简便而又应用广泛的检验方法，是成品检验的一个重要内容。这种方法有时也使用在焊接过程中，如厚壁焊件作多层焊时，每焊完一层焊道时便采用这种方法进行检查，防止前道焊层的缺陷被带到下一层焊道中。

外观检查主要是发现焊缝表面的缺陷和尺寸上的偏差。这种检查一般是通过肉眼观察，并借助标准样板、量规和放大镜等工具来进行检验的。所以，也称为肉眼观察法或目视法。

（2）焊缝尺寸的检验

焊缝尺寸检验主要是测量焊缝外观尺寸是否符合图样标注尺寸或技术标准规定的尺寸。

焊缝尺寸的检查应根据工艺卡或国家标准所规定的精度要求进行。一般采用特制的量规和样板来测量。最普通的测量焊缝的量具是样板，样板是分别按不同板厚

图片
焊接成品检验

的标准焊缝尺寸制造出来的，样板的序号与钢板的厚度相对应。例如，测量 12 mm 厚的板材的对接焊缝，则选用 12 mm 的一片进行测量。此外，还可用万能量规测量，它可用来测量 T 形接头焊缝的焊脚的凸出高量及凹下量，对接接头焊缝的余高，对接接头坡口间隙等。

3. 致密性试验和压力试验

（1）致密性试验

储存液体或气体的焊接容器都有致密性要求。生产中常用致密性试验来检查焊缝的贯穿性裂纹、气孔、夹渣、未焊透等缺陷。贮存液体或气体的焊接容器，其焊缝的不致密缺陷，如贯穿性的裂纹、气孔、夹渣、未焊透以及疏松组织等，可用致密性试验来发现。致密性检验方法有煤油试验、沉水试验、吹气试验、水冲试验、氨气试验、氦气试验等。

（2）压力试验

压力试验又称为强度试验，可用于检查焊接接头的强度和致密性，是对焊接产品整体质量的检验。其检验结果不仅是产品是否合格和等级划分的关键，而且是保证其安全运行的重要依据。由于受压容器产品的特殊性和整体性，所以，对这类产品进行的接头强度检验只能通过检验其完整产品的强度来确定焊接接头是否符合产品的设计强度要求。这种检验方法常用于贮藏液体或气体的受压容器检查上，一般除进行密封性试验外，还要进行强度试验。压力试验包括水压试验和气压试验。

① 水压试验。水压试验是最常用的压力试验方法。水的压缩性很小，一旦容器因缺陷扩展而发生泄漏，水压立即下降，不会引起爆炸。水压试验既廉价又安全，操作也很方便，因此得到了广泛应用。对于极少数不能充水的容器，则可采用不会发生危险的其他液体，但要注意试验温度应低于液体的燃点或沸点。

② 气压试验。气体的体积压缩比大，气压试验时因缺陷扩展有可能引起爆炸。因此，只有当容器的结构设计不允许进行水压试验，或者有不便清除的水渍可能参与介质反应而发生爆炸时，才能采用气压试验。

任务 3　无损检测

任务分析

无损探伤能定量掌握缺陷与强度的关系，评价构件的允许载荷、寿命或剩余寿命。检测结构件在制造和使用过程中产生的结构不完整性及缺陷情况，以便改进制造工艺，提高产品质量，及时发现故障，保证设备安全、高效、可靠地运行。如渗透探伤、磁粉探伤等对表面微裂缝缺陷进行检验；涡流探伤、磁粉探伤等方法对焊缝的近表面缺陷进行用检验；超声波探伤和射线探伤等方法对焊缝的内部缺陷进行检验。

在对焊接成品缺陷检验时，通常采用无损探伤的方式检验焊缝的质量，用超声波探伤、射线探伤及涡流探伤检测内部缺陷，用着色法及磁粉探伤检验焊缝表面缺陷。下面着重从探伤原理及探伤设备结构等方面介绍超声波探伤、射线探伤、涡流探伤。

课件
无损检测

动画
无损检验

任务实施

7.3.1　超声波探伤

超声波探伤成本低，技术简单，安全性好，在焊接质量检验中广泛应用。

1. 超声波的特点

超声波具有下列特点。

（1）良好的指向性

① 直线性：超声波在弹性介质中能像光波一样沿直线传播，符合几何光学规律。由于声速对固定介质是常数，根据传播时间就能求得其传播距离，这为探伤中缺陷定位提供依据。

② 束射性：声源发出超声波能集中在一定区域（超声场）定向辐射。波长越短（超声频率越高），压电晶片直径（声源尺寸）越大，则声束指向性越好。

（2）能在弹性介质中传播，不能在真空中传播

超声波通过介质时，以介质质点的振动方向与波的传播方向间相互关系的不同，可分为纵波、横波、表面波和板波等。探伤中通常把空气介质作真空处理，即认为超声波不能通过空气进行传播。

（3）可穿透物质和在物质中衰减的特性

超声波的这一性质与射线相似，但超声波的能量很大，因而具有更强的穿透能力。超声波在大多数介质中，尤其在钢等金属材料中传播时，传输损失少，传播距离最大可以达到数米远。所以，超声波探伤能够有较大的探测深度，这一优势是其他探伤方法没有的。

超声波在介质中传播时，其能量随着传播距离的增加而逐渐减弱的现象称为超声波的衰减，所以探测深度也受到限制。

（4）界面的透射、反射、折射和波型转换

超声波从一种介质入射到另一种介质，经过异质界面将产生以下几种情况：

① 垂直入射异质界面时的透射、反射和绕射。异质界面上的反射是很严重的，尤其固-气界面反射率接近100%，因此，探伤中良好的耦合是一必要条件。焊缝-其中缺陷构成的异质界面正因为有极大的反射才使探伤成为可能。

② 倾斜入射异质界面时的反射、折射、波型转换和聚焦。如果超声波由一种介质倾斜入射到另一种介质时，在异质界面上将会产生波的反射和折射，并产生波型转换，如图7-9所示。

反射、折射角度符合一般的反射折射定律。

$$\frac{\sin\alpha}{C_{1L}}=\frac{\sin\beta_S}{C_{2S}}=\frac{\sin\beta_L}{C_{2L}}=\frac{\sin\alpha'_S}{C_{1S}}$$

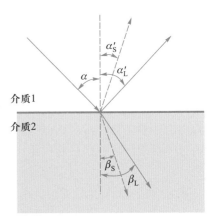

图7-9　超声波折射、反射示意图

超声波检测

2. 超声波探伤的原理

超声波探伤是利用超声波在物体中的反射（图 7-10）、传播（图 7-11）、衰减等物理特性来发现缺陷的一种无损检测方法超声波检验。

动画
超声波探伤

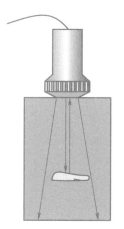

图 7-10　反射特性

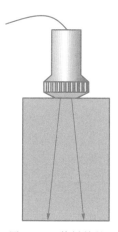

图 7-11　传播特性

其检测原理及示意图如图 7-12 和图 7-13 所示。

其检测过程为：探头发射超声波，反射超声波，探头接收超声波，在探头中换成电信号，经放大后在显示屏显示。

最后通过比较显示器的发射波与底波间是否有缺陷波的存在，评定内部缺陷。

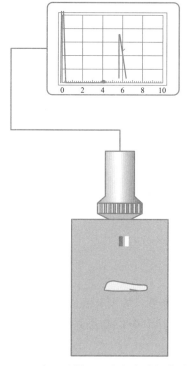

图 7-12　在显示器上观察超声波探伤波形

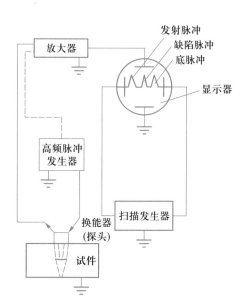

图 7-13　超声波探伤原理示意图

3. 超声波的发射与接收

超声波是由超声波探伤仪产生电振荡并施加于探头，利用其晶片的压电效应获得。探头主要由保护膜、压电晶片和吸收块等组成。

当高频电压加在晶片两面电极时，由于逆压电效应，晶片会在厚度方向产生伸缩变形的机械振动。晶片与工件表面有良好耦合时，机械振动就以超声波形式传播进去，这就是发射。反之，当晶片受到超声波作用（遇到异质界面反射回来）而发生伸缩变形时，正压电效应又会使晶片两表面产生不同极性电荷，形成超声频率的高频电压，这就是接收。

总之，利用压电效应使探头（压电晶片）发射或接收超声波，就使发现缺陷成为可能。

4. 超声波探伤的分类

按探头与工件接触方式，可将超声波探伤分为直接接触法、斜角探伤法、液浸法等。

图片

涂耦合剂

（1）直接接触法

使探头直接接触工件进行探伤的方法称为直接接触法。使用直接接触法应在探头和被探工件表面涂有一层耦合剂，作为传声介质。常用的耦合剂有机油、变压器油、甘油、化学糨糊、水及水玻璃等。焊缝探伤多采用化学糨糊和甘油。由于耦合剂层很薄，因此可把探头与工件看作二者直接接触。

直接接触法主要采用 A 型脉冲反射法探伤仪，由于操作方便，探伤图形简单，判断容易且探伤灵敏度高，因此在实际生产中得到广泛应用。

工作原理：将一定频率间断发射的超声波（脉冲波）通过一定介质（耦合剂）的耦合传入工件，当遇到异质界面（缺陷或工件底面）时，超声波将产生反射，回波（即反射波）被仪器接收并以电脉冲信号在示波屏上显示出来。由此判断缺陷的有无，以及进行定位、定量和评定。

评定方法：示波屏纵坐标代表反射波的振幅，体现有无缺陷及大小，横坐标代表超声波的传播时间，体现缺陷的位置。

表现形式：当直探头在探伤面上移动时，无缺陷处示波屏上只有始波 T、底波 B（图 7-14（a））；如果探头移到有缺陷处且缺陷反射面比声束小时，则示波屏上出现始波 T、缺陷波 F 和底波 B（图 7-14（b））；当探头移到大缺陷处（缺陷比声束大）时，则示波屏上只出现始波 T、缺陷波 F（图 7-14（c））。

（2）斜角探伤法

它是采用斜探头将声束倾斜入射工件探伤面进行探伤的方法，简称斜射法，又称横波法。

表现形式：当用斜探头探伤时，无缺陷时示波屏上只有始波 T（图 7-15（a））因为声束在底面产生反射，在工件内以"W"形路径传播，故没有底波出现。

当工件存在缺陷而缺陷与声束垂直或倾斜角很小时，声束被反射回来，此时示波屏上显示出始波 T、缺陷波 F（图 7-15（b））。

当斜探头接近板端时，声束将被端角反射回来，在示波屏上将出现始波 T 和端角波 B'（图 7-15（c））。

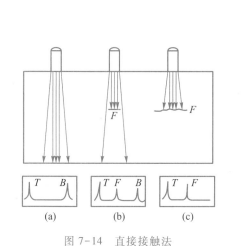

图 7-14　直接接触法

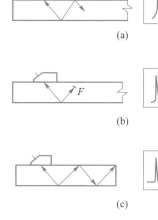

图 7-15　斜角探伤法

　　液浸法是将工件和探头头部浸在耦合液中，探头不接触工件的探伤方法。根据工件和探头浸没方式，分为全没液浸法、局部液浸法和喷流式局部液浸法等。

　　液浸法当用水作耦合介质时，称作水浸法。水浸法探伤时，探头常用聚焦探头。其探伤原理和波形如图 7-16 所示，超声波从探头发出后，经过耦合层再射到工件表面，有一部分声能将被工件表面反射回来而形成一次界面反射波 S_1，同时大部分声能传入工件。如果工件中存在缺陷，传入工件的声能的一部分被缺陷反射形成缺陷反射波 F，其余声能传至工件底面产生底面反射波 B。因此，探伤波形中 $T \sim S_1$、$S_1 \sim F$ 及 $F \sim B$ 之间的距离，各对应于探头到工件底面之间各段的距离。当改变探头位置时，探伤波形中 $T \sim S_1$ 的距离也将随之改变，而 $S_1 \sim F$、$F \sim B$ 的距离则保持不变。

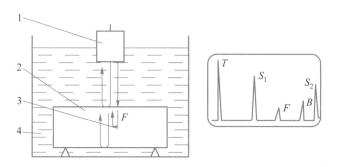

1—探头；2—工件；3—缺陷；4—水；T—始波；S_1—一次界面反射波；
F—缺陷波；B—工件底波；S_2—二次界面反射波

图 7-16　水浸聚焦超声波纵波法探伤原理及波形

　　用液浸法探伤时，应注意使探头和工件之间耦合介质层有足够厚度，以避免二次界面反射 S_2 出现在工件底波 B 之前。一般要求探头到工件表面的距离应在工件厚度的 1/3 以上。

　　液浸法探伤由于探头与工件不直接接触，因而它具有探头不易磨损，声波的发射和接收比较稳定等优点。其主要缺点是，它需要一些辅助设备，如液槽、探头桥架、探头操纵器等。另外，由于液体耦合层一般较厚，因而声能损失较大。

5. 超声波探伤设备

超声波探伤设备主要由超声波探头及其附属部件组成，评判调整超声波探伤仪的性能，需要采用标准试块。

（1）超声波探头

超声波探头又称压电超声换能器，是实现电-声能量相互转换的能量转换器件。探头分为直探头、斜探头、水浸聚焦探头、双晶探头 4 类。

① 直探头：声束垂直于被探工件表面入射的探头称为直探头，如图 7-17 所示。它可发射和接收纵波。

图片
直探头

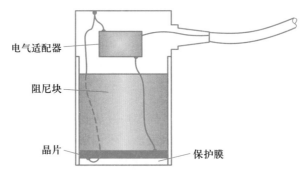

图 7-17　直探头基本结构

② 斜探头：利用透声斜楔块使声束倾斜于工件表面入射工件的探头称为斜探头，如图 7-18 所示。它可发射和接收横波。通常横波斜探头以钢中折射角标称：γ 可为 40°、45°、50°、60°、70° 等几种；有时也以折射角的正切值标称：$k = \tan\gamma$，可为 1.0、1.5、2.0、2.5、3.0。

图片
斜探头

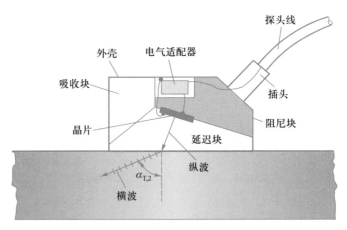

图 7-18　斜探头基本结构

③ 水浸聚焦探头：一种由超声探头和声透镜组合而成的探头，如图 7-19 所示。声透镜可使超声波束集聚成一点或一条线。由于聚焦探头的声束变细，声能集中，从而大幅度改善了超声波的指向性，提高了灵敏度和分辨力。

④ 双晶探头：探头内含两个压电元件，分别是发射晶片和接收晶片，中间用隔声层分开，如图 7-20 所示。双晶探头又称为分割式 TR 探头，主要用于探测近表面缺陷和薄工件的测厚。

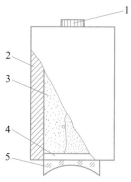

1—接头；2—外壳；3—阻尼块；
4—压电晶片；5—声透镜

图 7-19   水浸聚焦探头基本结构

图 7-20   双晶探头

（2）超声波探伤仪

超声波探伤仪的主要功能是产生超声频率的电振荡，以此来激励探头发射超声波。同时，它又将探头接收到的回波电信号予以放大、处理，并通过一定方式显示出来。

① 超声波探伤仪的分类：按缺陷显示方式，可将超声波探伤仪为 A 型显示（缺陷波幅显示）、B 型显示（缺陷俯视图象显示）、C 型显示（缺陷侧视图象显示）和 3D 型显示（缺陷三维图像显示）等。

按超声波的通道数目又可将探伤仪分为单通道和多通道探伤仪两种。前者是由一个或一对探头单独工作；后者是由多个或多对探头交替工作，而每一通道相当于一台单通道探伤仪，适用于自动化探伤。

目前，焊缝超声波探伤中广泛使用 A 型显示脉冲反射式单通道超声波探伤仪。

② A 型脉冲反射式超声波探伤仪：A 型脉冲反射式探伤仪电路框图如图 7-21 所

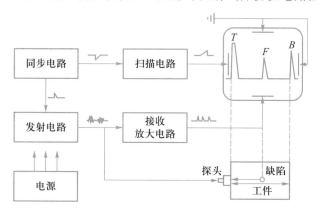

图 7-21   A 型脉冲反射式超声波探伤仪电路框图

示，外形如图7-22所示。实际上，该探伤仪示波屏上横坐标反映了超声波的传播时间，纵坐标反映了反射波的振幅，因此通过始波T和缺陷F之间的距离，便可确定缺陷离工件表面的位置，同时通过缺陷波F的高度可决定缺陷的大小。

图片
A型探伤仪

图7-22 A型脉冲反射式超声波探伤仪外形

（3）试块

试块是一种按一定用途设计制作的具有简单形状的人工反射体。它是探伤标准的一个组成部分，是判定探伤对象质量的重要尺度。

在超声波探伤技术中，确定探伤灵敏度、显示探测距离、评价缺陷大小以及测试仪器和探头的组合性能等，都是利用试块来实现的。运用试块为参考依据来进行比较是超声波探伤的一个特点。

根据使用的目的和要求，通常将试块分成标准试块和对比试块两大类。

① 标准试块。由法定机构对材质、形状、尺寸、性能等作出规定和检定的试块称为标准试块，如图7-23和图7-24所示。

标准试块的主要用途如下。

• 利用 $R100$ mm圆弧面测定探头入射点和前沿长度，利用 $\phi50$ mm孔的反射波测定斜探头折射角（K值）。

• 校检探伤仪水平线性和垂直线性。

• 利用 $\phi1.5$ mm横孔的反射波调整探伤灵敏度，利用 $R100$圆弧调整探测范围。

图片
试块

• 利用 $\phi50$ mm圆孔估测直探头盲区和斜探头前后扫查声束特性。

图7-23 标准试块外形

• 采用测试回波幅度或反射波宽度的方法可测定远场分辨力。

② 对比试块。对比试块又称参考试块，它是由各专业部门按某些具体探伤对象规定的试块，如图7-25所示。

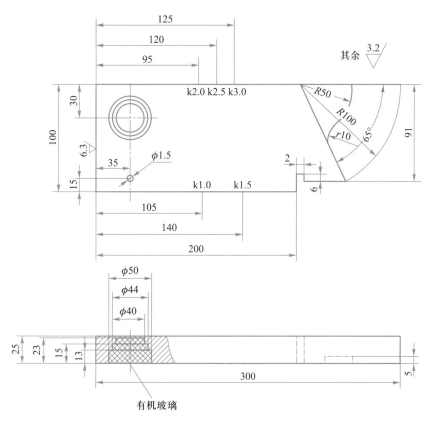

图 7-24　标准试块尺寸

对比试块主要用于绘制距离-波幅曲线，调整探测范围和扫描速度，确定探伤灵敏度和评定缺陷大小。它是对工件进行评级判废的重要依据。

7.3.2　射线探伤

射线探伤是利用射线可以穿透物质和在物质中有衰减的特性来发现其中缺陷的一种无损探伤方法。它可以检查金属和非金属材料及其

图 7-25　对比试块外形

制品的内部缺陷，如焊缝中的气孔、夹渣、未焊透等体积性缺陷。这种无损探伤方法有独特的优越性，即检验缺陷的直观性、准确性和可靠性，而且，得到的射线底片可用于缺陷的分析和作为质量凭证存档。但这种方法也存在着设备较复杂、成本较高的缺点，需要对射线进行防护，而且必须由具备资质的单位和人员来操作。

用来进行无损探伤的射线有 X 射线、γ 射线和中子射线，它们本质是速度高、能量大的粒子流。本节主要介绍 X 射线的探伤原理及应用。

1. X 射线的特点

① 不可见，以光速直线传播。

② 不带电，不受电场和磁场的影响。

③ 具有穿透可见光不能穿透的物质的能力，如骨骼、金属等，并且在物质中有

衰减的特性,当射线穿透物质时,由于物质对射线有吸收和散射作用,从而引起射线能量的衰减。

射线在物质中的衰减是按照射线强度的衰减是呈负指数规律变化的,以强度为 I_0 的一束平行射线束穿过厚度为 δ 的物质为例,穿过物质后的射线强度为

$$I = I_0 e^{-\mu\delta}$$

式中,I——射线透过厚度 δ 的物质的射线强度;

$\quad I_0$——射线的初始强度;

$\quad$ e——自然对数的底;

$\quad \delta$——透过物质的厚度;

$\quad \mu$——衰减系数（cm^{-1}）。

④ 可以使物质电离,能使胶片感光,亦能使某些物质产生荧光。

⑤ 能起生物效应,伤害和杀死细胞。

2. 射线探伤的原理

图 7-26 所示为 X 射线检测原理示意图。其中,μ 和 μ' 分别被检物体和物体中缺陷处的线衰减系数。根据衰减方程 $I = I_0 e^{-\mu\delta}$ 式,可知

$$I_d \neq I_h \neq I_B$$

如果将这不同的能量进行照相或转变为电信号指示、记录或显示,就可以评定材料的质量,从而达到无损检测目的。

图片
射线机的原理

图片
射线照相原理

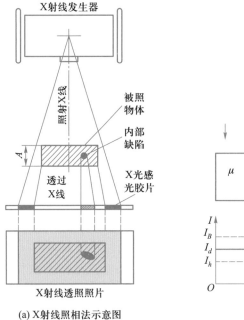
(a) X射线照相法示意图

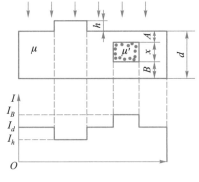
(b) 波形

图 7-26　X 射线检测原理示意图

3. 射线探伤的常用方法

（1）照相法

照相法是将感光材料（胶片）置于被检测试件后面,来接收透过试件的不同强

度的射线，如图 7-27 所示。

由于胶片乳剂的摄影作用与感受到的射线强度有直接关系，经过暗室处理后就会得到透照影像，根据影像的形状和黑度的情况就可以评定材料中有无缺陷及其形状、大小和位置。

该方法的特点是灵敏度高、直观可靠，重复性好，是最常用的检测方法之一。

（2）荧光屏直接观察法

将透过试件的射线投射到涂有荧光物质（如 ZnS/CaS）的荧光屏上时，荧光屏上会激发出不同强度的荧光。荧光屏直接观察法就是利用荧光屏上的可见影像直接辨认缺陷的检测方法，如图 7-28 所示。

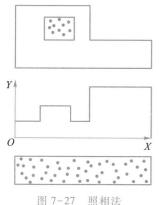

图 7-27　照相法

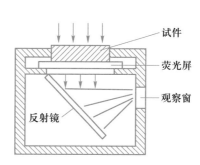

图 7-28　荧光屏直接观察法原理示意图

荧光屏观察法具有成本低、效率高、可连续检测等优点，但灵敏度最高只有 2%~3%，大量检验时只有 4%~7%，对微小裂纹无法发现。它适用于检查较薄且结构简单、要求不高的工件。

（3）射线实时成像检验

射线实时成像检验是工业射线探伤很有发展前途的一种新技术，与传统的射线照相法相比具有实时，高效、不用射线胶片、可记录和劳动条件好等显著优点。

该法探伤系统基本结构如图 7-29 所示。

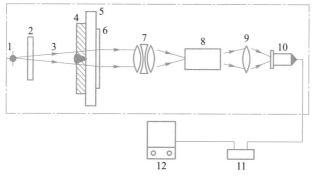

1—射线源；2、5—电动光闸；3—X射线束；4—工件；6—图像增强器；7—耦合透镜组；
8—电视摄像机；9—控制器；10—图像处理器；11—监视器；12—防护设施

图 7-29　X 光图像增强—电视成法探伤系统

（4）射线计算机断层扫描技术

计算机断层扫描（computer tomography，CT）是根据物体横断面的一组投影数据，经计算机处理后，得到物体横断面的图像。所以，它是一种由数据到图像的重组技术，其基本原理和装置结构如图 7-30 所示。

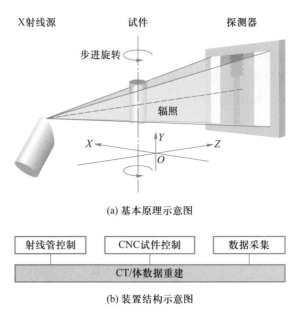

(a) 基本原理示意图

射线管控制	CNC试件控制	数据采集
CT/体数据重建		

(b) 装置结构示意图

图 7-30　计算机断层扫描

4. 射线探伤设备简介

射线探伤常用的设备主要有 X 射线机、γ 射线机等。

（1）X 射线机

图片
X 射线机

X 射线机即 X 射线探伤机，按其结构形式分为携带式、移动式、固定式 3 种，如图 7-30 所示。

X 射线机通常由 X 射线管、高压发生器、控制装置、冷却器、机械装置和高压电缆等部件组成。携带式 X 射线机是将 X 射线管和高压发生器直接相连构成组合式 X 射线发生器，省去了高压电缆，并和冷却器一起组装成射线柜，为了携带方便一般也没有为支撑机器而设计的机械装置，如图 7-31 所示。

(a) 携带式X射线机　　　　　　(b) 移动式X射线机　　　　　　(c) 固定式X射线机

图 7-31　3 种 X 射线机

（2）γ射线机

γ射线机主要由五部分构成：源容器（主机体）、源组件（密封 γ 射线源）、输源（导）管、驱动机构和附件。图 7-32 所示为 S 通道 γ 射线机源容器的结构示意图，按其结构形式分为携带式、移动式、爬行式 3 种。携带式 γ 射线机多采用 60Co 作射线源，用于较厚工件的探伤。爬行式 γ 射线机主要用于野外焊接管线的探伤。

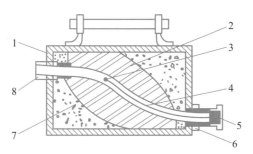

1—外壳；2—贫化铀屏蔽区；3—γ源组件；4—源托；
5—安全接插器；6—密封盒；7—聚氨酯填料；8—快速连接器

图 7-32 S 通道 γ 射线机源容器的基本结构

γ射线机具有以下优点：穿透力强，最厚可透照 300 mm 钢材；透照过程中不用水和电，因而可在野外、对带电高压电器设备、高空、高温及水下等多种场合下工作，可在 X 射线机和加速器无法达到的狭小部位工作。主要缺点是：半衰期短的 γ 源更换频繁；要求有严格的射线防护措施；探伤灵敏度略低于 X 射线机。

（3）加速器

加速器是一种利用电磁场使带电粒子（如电子、质子、氘核、氦核及其他重离子）获得能量的装置，如图 7-33 所示，用于产生高能 X 射线的加速器主要有电子感应式、电子直线式和电子回旋式 3 种。目前应用最广大的电子直线加速器。

图 7-33 加速器

因为加速器的能量高，射线焦点尺寸小，探伤灵敏度高，而且它的射线束能量、强度、方向都可以精确控制，所以它的应用日益广泛。

7.3.3 涡流探伤

涡流检测也是广泛使用于焊接质量检验的一种方法。

1. 涡流的产生

将两个线圈同轴排列，如图 7-34 所示。当线圈 1 中通过的电流变化时，线圈 2 中会产生感生电动势。如果线圈 2 是闭合的，就会产生感生电流。用金属板代替线圈 2，如图 7-35 所示，金属板相当于匝数为 1，电阻为 R（电阻很小）的一个线圈，在金属板内同样会产生感生电流。因为这种电流的形状呈旋涡状，所以称为涡流。

图片
涡流探伤系统 1

图片
涡流探伤系统 2

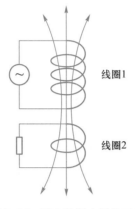

图 7-34   两个线圈之间的互感   图 7-35   涡流的产生

2. 涡流检测的基本原理

当载有交变电流的检测线圈靠近导电工件时，由于线圈磁场的作用，工件中将会感生出涡流（其大小等参数与工件中的缺陷有关），而涡流产生的反作用磁场又将使检测线圈的阻抗发生变化。因此，在工件形状尺寸及探测距离等固定的条件下，通过测定探测线圈阻抗的变化，可以判断被测工件有无缺陷存在。涡流检测方法如图 7-36 所示。

3. 涡流探头

完整的涡流探测设备由探头、检测仪、比对试样组成。简单的涡流探头的主体是一个线圈，类型有穿过式、内通过式、放置式线圈，如图 7-37 所示。

图片
涡流探头

图 7-36   涡流检测方法

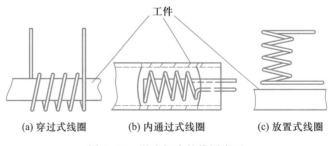

(a) 穿过式线圈   (b) 内通过式线圈   (c) 放置式线圈

图 7-37   涡流探头的线圈类型

图片
涡流检测仪

4. 涡流检测仪

各类涡流检测仪的结构有所不同，一般包含振荡器、电桥、放大器、移相器、相敏检波器、滤波器、幅度鉴别器、显示器，如图 7-38 所示。它的典型外观如图 7-39 所示，工作原理基本相同。信号发生器产生交变电流供给检测线圈，线圈产生交变磁场并在工件中感生涡流，涡流受到工件性能的影响并反过来使线圈阻抗发生变化，然后通过信号检出电路取出线圈阻抗值的变化，其中包括信号放大、信号处理消除干扰，最后显示检测结果。

动画
涡流探伤

动画
磁粉探伤

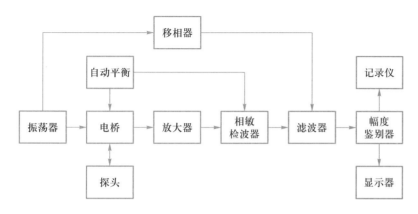

图 7-38　涡流检测仪基本结构

5. 比对试样

比对试样是在检测前用于检测和鉴定涡流检测仪的灵敏度、分辨力、端部不可检测长度等性能的人工加工缺陷标准件，如图 7-40 所示，主要用于选择检测条件、调整检测仪器、定期检查仪器、作为整个仪器的标准当量等。

图片
涡流探伤对比试样 1

图片
涡流探伤对比试样 2

图片
涡流探伤对比试样 3

图 7-39　涡流检测仪外观

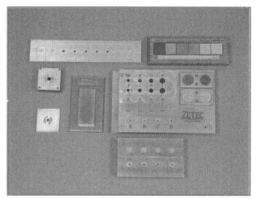

图 7-40　比对试样

总　　结

本项目主要介绍了常见的焊接缺陷，焊接质量检验质量控制的内容及方法，以及焊接缺陷的无损检测方法。旨在培养学生质量控制意识，了解和认识焊接工艺从制定到评估评价的整体过程。

习　　题

一、单项选择题

1. 下列不属于焊接缺点的是（　　　）。

A. 应力集中比较大　　　　　　　　　B. 易产生焊接缺陷

C. 易产生脆性断裂和降低疲劳强度　　D. 减轻结构重量

2. 以下不属于焊瘤产生的原因是（　　　）。

A. 电弧拉得太长　　　　　　　　　　B. 焊接速度太慢

C. 焊丝角度或摆动方法不正确　　　　D. 焊接电流太小

3. 以下措施不能控制焊接残余变形的是（　　　）。

A. 选用合理的焊缝尺寸　　　　　　　B. 尽可能减少焊缝数量

C. 增大焊接电流　　　　　　　　　　D. 合理安排焊缝位置

4. 以下操作不能消除残余应力的是（　　　）。

A. 整体高温回火　　B. 机械拉伸法　　C. 振动时效法　　D. 低温焊接法

5. 以下不属于焊接残余应力分类的是（　　　）。

A. 点应力　　　　　　B. 线应力　　　　　C. 平面应力　　　　D. 体积应力

二、填空题

1. 焊接检验的步骤一般包括：_____、进行项目检测、_____、_____。

2.《金属熔化焊接头缺欠分类及说明》将熔焊缺陷分为_____、_____、_____、未融合和未焊透、_____、其他缺陷 6 类。

3. 焊前质量控制包括_____、_____、_____、焊件装配质量的检验、其他工作检查。

4. 射线探伤是利用_____射线或_____射线照射焊接接头，检查内部缺陷的无损检验法。

5. 射线照相法探伤是通过射线底片上的_____来反映焊缝内部质量的。

6. 射线探伤防护方法有_____、_____、_____ 3 种。

三、判断题

1. 焊接裂纹是焊接过程中最危险的缺陷。（　　　）

2. X 射线能量越强、强度越大，胶片的感光程度越高，越清晰。（　　　）

3. X 射线穿透力强，可穿透骨骼、金属等，在物质中没有衰减，因而可以用来进行探伤。（　　　）

4. Ⅱ级焊缝要求不允许存在任何裂纹、未融合和未焊透，允许有一定数量和一定尺寸的条状夹渣和圆形缺陷存在。（　　　）

5. 只要做好屏蔽防护，就可以长时间的靠近射线源。（　　　）

6. 超声波是一种机械波，能够在真空中传播。（　　　）

7. 磁粉探伤能够探测到工件内部深处的缺陷。（　　　）

8. 渗透探伤是检验工件表面开口缺陷的常规方法。（　　　）

四、简答题

1. 焊接结构的成品检验的主要内容有哪几项？

2. 射线探伤有哪些优点和缺点？

3. 在 GB/T 3323—2005 标准中，根据缺陷性质、数量和大小将焊缝质量分为哪几个级别，分别有什么要求？

4. 超声波探伤有哪些优点和缺点？

5. 焊缝磁粉探伤的一般工艺过程包括哪些内容？

五、操作题

利用超声波探伤仪对人工焊接缺陷进行探测。

习题答案
项目 7

项目 **8**

ABB 弧焊机器人工作站维护与应用

弧焊机器人工作站由机器人本体、控制器机柜、弧焊设备、防护外围设备等组成，必须定期维护，以确保功能正常。 出现不可预测的情形时也需要对工业机器人进行检查，必须及时注意任何损坏，根据具体情况确定检查间隔时间，制订相应的维护保养计划。

学习目标

知识目标
- 认识弧焊机器人工作站的结构。
- 掌握机器人的日常维护工作内容。
- 掌握典型故障的分析和排除方法。
- 掌握弧焊设备日常维护工作内容。
- 了解机器人焊接比赛流程。

技能目标
- 掌握机器人本体的维护。
- 掌握机器人控制器的维护。
- 掌握焊接设备的维护。
- 掌握典型故障的分析步骤。
- 掌握机器人焊接应用的特点。
- 能独立完成典型零件的机器人焊接编程。

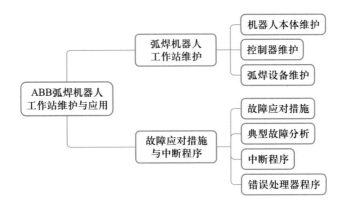

任务 1　弧焊机器人工作站维护

课件
弧焊机器人工作
站维护

微课
弧焊机器人工作站
维护

任务分析

对机器人控制柜进行维修和检查之前，应确认主电源已经关闭。更换润滑油的注意事项如下。

① 油温可能高于 90℃，待冷却后更换。

② 戴手套，防止过敏反应。

③ 缓慢打开放油孔，防止油飞溅。

任务实施

8.1.1　机器人本体维护

1. 维护时间

以 ABB 机器人 IRB2400 为例，机器人本体的维护时间见表 8-1。

表 8-1　机器人本体的维护时间

维护部位	时间间隔	注意事项
齿轮箱润滑油更换（1、2、3、4轴）	40 000 h	免维护单元
手腕齿轮箱润滑油更换（5、6轴）	第一次 4 000 h，以后每次 60 个月	工作温度超过 40℃，则每次 12 000 h
更换备份电池包 SMB 单元	机器人报警备份电池过低后	电池的剩余容量（机器人电源关闭）不足 2 个月时，将显示低电量警告（38213）
检查机器人本体上下臂信号电缆	36 个月	—
检查机器人 1 轴机械停止销	36 个月	—

2. 机器人各轴齿轮油规格和容量

机器人各轴齿轮油规格和容量见表 8-2。

表 8-2　机器人各轴齿轮油规格和容量

齿轮箱	型号	ABB 规格号	容量/mL
1轴	Mobilgear 600 XP320	11712016-604	6 400
2轴	Mobilgear 600 XP320	11712016-604	4 500

续表

齿轮箱	型号	ABB 规格号	容量/mL
3 轴	Mobilgear 600 XP320	11712016-604	3 800
4 轴（2400\L）	Mobilgear 600 XP320	11712016-604	30
4 轴（2400\10\16）	Optimol BM 100	3HAC 0860-1	1 500
5 轴和 6 轴（2400\L）	Mobilgear 600 XP320	11712016-604	120
5 轴和 6 轴（2400\10\16）	Optimol BM 100	3HAC 0860-1	800

3. 5/6 轴变速箱油位检查和更换

5/6 轴变速箱油塞位置如图 8-1 所示。

油位检查和更换的操作包括排油和加油。

（1）排油

① 将上臂调整到平行状态并将 4 轴调到 0°角的位置。

② 打开注油塞。

③ 旋转 4 轴到 90°的位置，让油孔朝下。

④ 旋转 4 轴到 -90°角的位置。

⑤ 让油通过倾斜的位置排出。

（2）加油

① 将上臂调整到平行状态，并将 4 轴调到 0°角的位置。

② 根据需要加油。油孔位于 5 轴的一侧。如果是悬挂机器人，则手腕要旋转 180°。

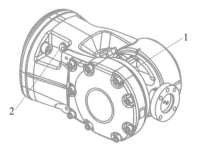

1—油塞位置1；2—油塞位置2

图 8-1　5/6 轴变速箱油塞位置

4. 备份电池（SMB）的更换

更换备份电池的操作步骤如下。

① 调整机器人到校准状态。

② 拧下螺钉（B），拆下后盖（A）。

③ 从串口测量板拆下蓄电池。

④ 装上新的电池，并盖上后盖。

⑤ 更新转数计数器。

5. 机器人本体的清洁

清洁机器人本体的注意事项见表 8-3。

表 8-3　机器人本体清洁注意事项

清洁方法	标准型号	Foundry 版	洁净室版
真空吸尘器	是	是	是
用布擦拭	是，使用少量清洁剂	是，使用少量清洁剂	是，使用少量清洁剂或酒精

提示

1. 更换时将上臂调整到平行状态并将 4 轴调到 0°角的位置。
2. 关闭所有电源，以及气压或液压装置。

提示

1. 进入机器人工作区域之前关闭连接到机器人的所有电源、液压源、气压源。
2. 处理齿轮箱油会涉及一些安全风险。进行处理前，先阅读机器人安全操作信息提示。

提示

进入机器人工作区域之前，关闭连接到机器人的所有电源、液压源、气压源。

续表

清洁方法	标准型号	Foundry 版	洁净室版
用水冲洗	是，强烈推荐在水中加入防锈剂并在清洁后将机器人上的清洁液去除	是，强烈推荐在水中加入防锈剂后再清洁	否
高压水或蒸汽	否	是，强烈推荐加入防锈剂后再清洁	否

允许操作：

① 使用维护手册中推荐的清洁设备，任何其他清洁设备都可能缩短机器人的使用寿命；

② 清洗前检查机器人所有的防护罩。

禁止操作：

① 禁止用水直接浇在接头、密封件或垫圈上；

② 禁止使用压缩空气清洁机器人；

③ 禁止使用手册不允许的溶剂清洁机器人；

④ 禁止太靠近机器人，最近距离为 0.4 mm；

⑤ 禁止拆除任何机器人保护装置。

8.1.2　控制器维护

下面以 IRC5 控制器为例，进行对控制器的维护。

1. 维护时间表

控制器的维护时间见表 8-4。

表 8-4　控制器的维护时间

设备	维护等级	时间间隔	注意事项
所有控制器模块	检查	12 个月	—
滤尘网	清洁	根据需要	只针对个别型号
滤尘网	更换	24 个月	
冷却风扇	检查	6 个月	—
冷却风扇	检查	12 个月	—
示教器	清洁	根据需要	—
接地线	测试	6 个月	—

2. 检查控制器

检查控制器的操作步骤如下。

① 检查所有接头处，看密封是否完好，防止灰尘和污垢进入控制器。

② 检查连接器和电缆固定是否完好，确保没有破损。

③ 检查主机冷却风扇，如有损坏立即更换。

④ 检查驱动模块冷却风扇。

3. 更换控制器滤尘网

（1）拆下

① 控制器滤尘网的位置如图 8-2 所示。将滤尘网向上拉起，如图 8-3 所示。

提示
清洁前先关闭所有电源，确认所有模块功能完好后再通电。

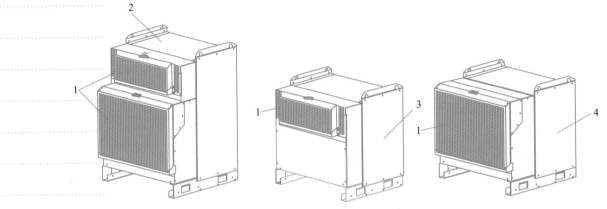

1—滤尘网；2—单柜控制器；3—双柜控制器控制模块；4—双柜控制器驱动模块

图 8-2 控制器滤尘网位置

② 将滤尘网朝箭头方向拉出，如图 8-4 所示。

③ 解开锁钩，如图 8-5 所示。

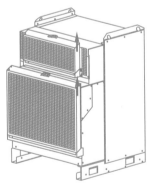 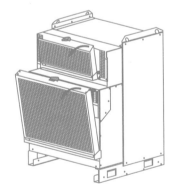 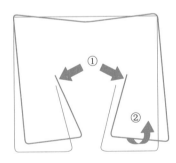

图 8-3 向上拉起　　　　图 8-4 朝箭头方向拉出　　　　图 8-5 解开锁扣

（2）安装

① 将新的滤网放入并挂上锁口。

② 将滤尘网朝箭头方向推入，如图 8-6 所示。

③ 将滤尘网朝箭头方向推下至固定，如图 8-7 所示。

4. 清洁滤尘网

清洁滤尘网的操作步骤如下。

提示
滤尘网紧密的一面朝向控制器内部。

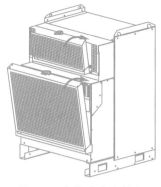
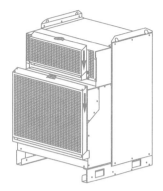

图 8-6   朝箭头方向推入   图 8-7   推下至固定

① 拆下滤尘网。

② 清洗 3~4 次，使用 30~40℃的水和少量清洁剂。

③ 干燥方式可以是平放晾干、用压缩空气吹干，不得用手拧干。

④ 装上滤尘网。

5. 清洁控制器

清洁控制器的操作步骤如下。

① 根据需要使用酒精、抹布或吸尘器清洁控制器内部。

② 控制器有热交换器，在控制器后部。清洁控制器前可拆下热交换器。

③ 拆下驱动模块风扇，使用压缩空气清洁通道。如果工作环境恶劣，驱动器冷却风扇必须定期清洁，以保证其正常工作。

允许操作：

① 使用静电放电保护。

② 使用酒精或抹布清洁，其他清洁剂可能导致油漆或标签损坏。

③ 清洁前确认所有防护罩已装好。

禁止操作：

① 清洁前禁止拆除任何安装在控制器上的保护罩。

② 禁止使用高压喷雾清洁。

③ 清洗外部的时候禁止打开控制器的门。

6. 清洁示教器

① 使用软的抹布和温水以及中性清洁剂清洗。

② 使用静电放电保护（ESD）。

③ 清洁示教器屏幕前，使用锁屏功能将示教器屏幕锁住。

④ 使用软布、温水、中性清洁剂清洁示教器屏幕和按钮。

⑤ 完成后解除示教器屏幕锁定。

8.1.3   焊接设备维护

在焊接工作中，检查和维护焊接设备是做好任何工作的前提和基础条件。在焊接作业前一定要做安全检验，排除安全隐患。

① 检查电焊机的电气线路和接地是否完好，电焊机接零（地）线及电焊工作回

线都不准搭在易燃易爆的物品上，也不准接在管道和设备上。

工作回路线应绝缘良好，机壳接地必须符合安全规定，一次回路应独立或隔离，防护装置损坏应立即检修。电焊机不准放在潮湿或高温处工作。

② 检查焊接场地不准存放易燃易爆物品。焊机、焊接场地离乙炔气瓶距离大于 10 m，离氧气瓶距离大于 5 m。

③ 开启焊机合闸时，要戴绝缘手套，动作要敏捷，脸部应避开电门。合闸后不准任意拔掉控制通往变扭器及焊接机头的插销。

④ 脚不得踏在电线上，或踩在圆形棒、管上工作。

⑤ 在潮湿地方工作时，必须采取有效的安全防护措施，才能作业。

⑥ 电焊机电缆线和地线不准堆放，破皮裸露电线应及时更换或用胶皮绝缘包扎。

⑦ 移动电焊机时要拉下电闸。

任务 2　故障应对措施与中断程序

任务分析

课件
故障应对措施与中断程序

机器人在运行过程中可能遇到各种故障。为保证生产顺利进行，需要对已发生的故障进行分析和处理。在机器人正式运行之前的程序设定中，也要为可能出现的错误进行预处理。

任务实施

微课
典型故障的分析与排除

8.2.1　故障应对措施与典型故障分析

1. 出现故障时的应对措施

① 确保系统的主电源通电，并且在指定的电压范围之内。

② 确保驱动模块中的主变压器正确连接现有电源控制器。产品手册中详细说明了如何固压。

③ 确保打开主开关。

④ 确保控制模块和驱动模块的电源供应没有超出额定电压范围。

⑤ 如果系统没有响应，确认控制器是否响应。

⑥ 如果示教器能够启动，但不能与控制器通信，确认示教器与控制器之间的连接是否有问题。

2. 常用故障代码含义

10002　程序指针已经复位

10009　工作内存已满

10010　电动机下电（OFF）状态

10011　电动机上电（ON）状态

10012　安全防护停止状态

10013　紧急停止状态

10014　系统故障状态

10015　已选择手动模式

10016　已请求自动模式

10017　已确认自动模式

10018　已请求全速手动模式

10019　已确认全速手动模式

10020　执行错误状态

10021　执行错误重置

10023　Hold-to-run 超时

10024　发生碰撞

10025　确认碰撞

3. ABB 机器人 10106 故障

ABB 机器人报警提示 10106、10107、10108、10109、10110、10111、10112 的含义与机器人定期保养和检修有关，用于提示用户对机器人进行必要的保养和检修，具体做法是参阅机器人手册或与 ABB 机器人售后服务部门联系。在完成定期保养和检修后，要将保养与检修提示的计时复位，具体操作步骤如下。

① 选择"程序编辑器"→"调试"→"调用例行程序"命令。

② 选择"ServiceInfo"子程序，按一般程序启动。

③ 选择要复位的计时对象，依次为定期保养时间、操作时间、齿轮箱保养时间。

④ 单击"RESET"按钮。

⑤ 单击"yes"按钮，"Elapsed time"项显示为"0"。

⑥ 在程序编辑器中将"PP"移至"MAIN"后。

8.2.2　中断程序

中断程序是用来处理自动化生产过程中的突发异常情况的一种程序。中断程序可由下列条件触发。

① 一个外部输入信号突然变成 0 或 1。

② 一个设定时间到达。

③ 机器人到达某一个指定位置。

④ 机器人发生错误。

ABB 机器人常用中断指令见表 8-5。

表 8-5　ABB 机器人常用中断指令

指令	说明
CONNECT	中断连接指令，连接变量和中断程序
ISignalDI	数字输入信号中断触发指令

续表

指令	说明
ISignalDO	数字输出信号中断触发指令
ISignalGI	组合输入信号中断触发指令
ISignalGO	组合输出信号中断触发指令
IDelete	删除中断连接指令
ISleep	中断休眠指令
IWatch	中断监控指令，与休眠指令配合使用
IEnable	中断生效指令
IDisable	中断失效指令，与生效指令配合使用

当中断发生时，正在执行的机器人程序会被停止，相应的中断程序会被执行。中断程序执行完毕后，原来被停止的程序继续执行。编写中断程序时需要特别注意安全，因为中断可能会发生在自动化生产过程中的任何时间、任何位置。如果在中断程序中需要加入机器人运动指令，一定要确认当中断发生时该运动指令的运行不会和其他外围设备发生干涉。

8.2.3　错误处理器程序

机器人在异常或者错误之后，可以在 ERROR 处理器中使用运动指令，见表 8-6。ERROR 处理器用于主任务 T_ROB1，或者如果在 MultiMove 系统中，则可用于运动任务中。ERROR 处理器可开始新的临时运动，并最终重启原来的中断和停止运动。例如，其可用于在异步提升过程或运动错误之后，转至服务位置或清洁焊枪。为实现此功能，必须在 ERROR 处理器中使用指令 StorePath-RestoPath。为重启运动和继续程序执行，可使用多个 RAPID 指令。

表 8-6　ABB 机器人错误处理器程序示例

语句行	说明
ERROR	调用错误子程序
IF ERRNO=ERR_PATH_STOP THEN	IF 语句开始：如果发生错误＝错误-路径-停止，然后就
StorePath	储存中断位置信息
...	处理过程
RestoPath	错误处理完成后，返回中断位置
StartMoveRetry	尝试进行中断前运动
ENDIF	IF 语句结束
ENDPROC	程序调用结束

执行 StartMoveRetry 时，机械臂恢复其运动，重启所有有效过程，并再次尝试程序执行。在一次不可分割的操作中，StartMoveRetry 与 StartMove 效果相同。

在调用错误处理器时，在机械臂运动期间的某类过程错误之后使用自动异步错误恢复，见表 8-7，有时在机械臂运动期间的某类过程错误之后手动恢复异步错误。

表 8-7　自动重启程序示例

语句行	说明
CONST robtarget service _ pos: = [...]	定义目标点位置常数 service_pos
VAR robtarget stop_pos	定义目标点停止位置变量 stop_pos
...	处理过程
ERROR	调用错误处理器
IF ERRNO=AW_WELD_ERR THEN	IF 语句开始：如果错误 = 电弧 - 焊接 - 错误（注意：当前运动是否基于路径水平的运动，并且完全停止，新运动路径水平由错误处理器定义的新运动决定。）
StorePath	储存当前位置信息
stop_pos: =CRobT (\Tool: =tool1, \WObj: =wobj1)	将当前位置信息赋予目标点停止位置变量 stop_pos
MoveJ service_pos, v50, fine, tool1, \WObj: =wobj1	运动到位置点 service_pos
...	处理过程
MoveJ stop_pos, v50, fine, tool1, \WObj: =wobj1	运动到位置点 stop_pos
Path Recovery	路径恢复
RestoPath	返回停止前的位置
StartMoveRetry	重新执行停止前的程序和运动
ENDIF	IF 语句结束
ENDPROC	程序调用结束

必须在含移动指令的 ERROR 处理器中使用以下 RAPID 指令，以便在异步提升过程或路径错误之后自动进行错误恢复。

① StorePath 输入新的运动路径等级。

② RestoPath 返回至运动基路径等级。

重启运动基路径等级上已中断的运动。同时重启有关过程，并重新尝试程序执行，见表 8-8。StartMoveRetry 与 StartMove+RETRY 的功能相同。

表 8-8　手动重启执行程序示例

语句行	说明
ERROR	调用错误处理器
IF ERRNO = PROC_ERR_XXX THEN	IF 语句执行开始：如果错误类型 = XXX 类型错误，就（注意，当前运动基于路径水平，机器人已经完全停止并被禁止运行，该错误只能手动处理）
StopMoveReset	停止运动重置基于路径水平
ENDIF	IF 语句结束
ENDPROC	程序调用结束

必须在 ERROR 处理器中使用以下 RAPID 指令，以便在异步提升过程或路径错误之后手动进行错误恢复，StopMoveReset 输入新的运动路径等级。

在上述 ERROR 指令之后，处理器已执行到最后，程序执行停止且程序指针位于过程错误指令开头（同时位于所用 NOSTEPIN 程序开头）。下一个指令开始从出现原始过程错误的位置重启程序和运动。

这里需要说明几个指令的执行。

① 在 ERROR 处理器开始执行时，程序离开其基础执行等级。

② 在 StorePath 执行时，运动系统离开其基础执行等级。

③ 在 RestoPath 执行时，运动系统返回其基础执行等级。

④ 在 StartMoveRetry 执行时，程序返回至其基础执行等级。

总　　结

本项目对如何进行机器人和焊接设备的维护保养进行了介绍，对机器人运行时出现故障讲解了应对步骤以及常见问题的应对措施。为避免造成重大生产事故，在机器人的运行程序中都会调用中断程序和 ERROR 处理器，以应对出现将来生产过程中可能出现的错误，避免更大的损失。

习　　题

一、单项选择题

1. 焊接设备的三相电源线路应由（　　　　）连接。

A. 电焊工　　　　　　　B. 班组长　　　　　　　C. 安全员　　　　　　　D. 电工

2. 干燥且有触电危险的安全电压是（　　　）。

A. 110 V　　　　　　　B. 36 V　　　　　　　C. 24 V　　　　　　　D. 12 V

3. 机器人在焊接过程中发生故障，焊工的责任（　　　）。

A. 立即切断电源，通知电工检查维修　　　B. 立即切断电源，自行检查维修

C. 带电检查维修　　　　　　　　　　　　D. 立即通知电工维修检查

4. 焊接过程中，对焊工危害较大的电压是（　　　）。

A. 空载电压　　　　　　　　　　　B. 电弧电压

C. 短路电压　　　　　　　　　　　D. 网络电压

5. 电器设备发生火灾，但必须带电灭火时，不能选用（　　）进行灭火。

A. 干粉灭火器　　　　　　　　　　B. 泡沫灭火器

C. 1211 灭火器　　　　　　　　　　D. 二氧化碳灭火器

6. 设备维护保养管理的目的是（　　　）。

A. 保证设备的正常使用　　　　　　B. 延长设备的使用年限

C. 提高设备的使用效率　　　　　　D. 不让设备损坏

7. 设备保养分为三级，一级保养为（　　　）。

A. 设备故障或计划性维修保养　　　B. 清洁及日常维护保养

C. 设备大修　　　　　　　　　　　D. 设备进行全面检修

8. 为提高设备维护水平应使维护工作基本做到三化，不包括（　　　）。

A. 规范化　　　　　　　　　　　　B. 制度化

C. 通用化　　　　　　　　　　　　D. 工艺化

9. 设备日常维护"十字作业"方针是清洁、润滑、紧固、调整（　　　）。

A. 检查　　　　　　　　　　　　　B. 防腐

C. 整齐　　　　　　　　　　　　　D. 安全

10. 下列情况中，有 3 种情况属于违章作业，不包括（　　　）。

A. 高处作业穿硬底鞋

B. 任意拆除设备上的照明设施

C. 特种作业持证者独立进行操作

D. 非岗位人员任意在危险要害区域内逗留

二、填空题

1. 焊接检验的步骤一般包括 _____、项目检测、_____、_____。

2. 《金属熔化焊接头缺欠分类及说明》将熔焊缺陷分为_____、_____、_____、未融合和未焊透、_____、其他缺陷 6 类。

3. 焊前质量控制包括：_____、_____、_____、焊件装配质量的检验、其他工作检查。

4. 射线探伤是利用_____射线或_____射线照射焊接接头，检查内部缺陷的无损检验法。

5. 射线照相法探伤是通过射线底片上的_____来反映焊缝内部质量的。

6. 射线探伤防护方法有_____、_____、_____ 3 种。

三、判断题

1. 焊条直径根据被焊焊件的厚度进行选择。（　　　）

2. 漏电保护装置主要用于防止供电中断。（　　　）

3. 焊接速度对焊缝厚度和焊缝宽度无明显影响。（　　　）

4. 机械制造中常用 cm 作为计量单位。（　　　）

5. 中碳钢的含碳量大于0.06%。（　　　）

6. 带电作业时，只要一个人能完成任务就不必用两个人。（　　　）

7. 对设备进行巡回检查时不需要向操作人员了解设备运行情况并及时消除隐患。（　　　）

8. 电焊机外壳必须牢靠接零或接地。（　　　）

9. 当焊枪和工件焊接短路时，不得启动机器人。（　　　）

10. 由于人体电阻很大，所以当人体接触到绝缘损坏的通电导线时，不会造成触电事故。（　　　）

四、简答题

1. 弧焊机器人维护保养的主要内容有哪几项？

2. 清洁机器人控制器时有哪些注意事项？

3. 简述机器人出现故障的应对步骤。

4. 简述焊接设备的维护保养内容。

5. 中断程序的使用条件是什么？

习题答案
项目8

五、操作题

设计一个带进水口和出水口的水箱，编制焊接工艺规程，使用弧焊机器人焊接。

参考文献

［1］ 叶晖，管小清. 工业机器人实操与应用技巧 ［M］. 北京：机械工业出版社，2010.

［2］ 叶晖. 工业机器人典型应用案例精析 ［M］. 北京：机械工业出版社，2013.

［3］ 叶晖. 工业机器人工程应用虚拟仿真教程 ［M］. 北京：机械工业出版社，2019.

［4］ 王宗杰. 熔焊方法及设备 ［M］. 北京：机械工业出版社，2007.

［5］ 吴金杰. 焊工入门考证一本通 ［M］. 北京：化学工业出版社，2014.

［6］ 郭继承，焊接安全技术 ［M］. 北京：化学工业出版社，2009.

［7］ 徐宏彤，焊接设备操作与维护 ［M］. 北京：机械工业出版社，2016.

［8］ 巫云，蔡亮，许妍妩. 工业机器人维护与维修 ［M］. 北京：高等教育出版社，2018.

郑重声明

高等教育出版社依法对本书享有专有出版权。任何未经许可的复制、销售行为均违反《中华人民共和国著作权法》,其行为人将承担相应的民事责任和行政责任;构成犯罪的,将被依法追究刑事责任。为了维护市场秩序,保护读者的合法权益,避免读者误用盗版书造成不良后果,我社将配合行政执法部门和司法机关对违法犯罪的单位和个人进行严厉打击。社会各界人士如发现上述侵权行为,希望及时举报,本社将奖励举报有功人员。

反盗版举报电话　(010) 58581999　58582371　58582488
反盗版举报传真　(010) 82086060
反盗版举报邮箱　dd@hep.com.cn
通信地址　北京市西城区德外大街 4 号
　　　　　高等教育出版社法律事务与版权管理部
邮政编码　100120

防伪查询说明

用户购书后刮开封底防伪涂层,利用手机微信等软件扫描二维码,会跳转至防伪查询网页,获得所购图书详细信息。用户也可将防伪二维码下的 20 位密码按从左到右、从上到下的顺序发送短信至106695881280,免费查询所购图书真伪。

反盗版短信举报

编辑短信"JB,图书名称,出版社,购买地点"发送至 10669588128
防伪客服电话
(010)　58582300